发汗健康法

岩盘浴の秘密

风靡世界的
岩盘浴远红外线温热疗法
负离子电位疗法

苏盈熹 著

序

由于以前是当模特儿，工作对于瘦身美容要求很高，为要达到理想效果，每一种方法我都会去试，看哪一种方法最好最合适。但当我了解到医学能量还有远红外线负离子电位疗法的时候，我就在中国台湾开办一所远红外线的热瑜珈馆，这个瑜珈馆让我更确信远红外线对人体健康的帮助确实非常非常大，光是靠一些基本的瑜珈动作加上远红外线疗法，让高血压、痛尿病等症状都得以改善。

我是一个早产儿，所以身体很多毛病，除了有过敏体质，还有哮喘病；小时候想养好身体，往往试不同的中药和西药，因为吸收了很多类固醇的关系，把我的内脏全部打伤。慢慢地开始接触营养食品，又开始尝试利用能量医学的量子仪，去测试身体的细胞，清楚地告诉我身体缺乏什么，要补充什么才可以恢复健康，这让我开始接触医学能量还有远红外线负离子电位疗法。

后来到了香港发展，发现香港人非常非常地忙碌，工作后已很累，也没有运动的动力。莫说出外运动，保养、养生等事情是难上加难，没有办法好好地保养跟排毒。在机缘下，我走访日本、中国台湾的岩盘浴、韩国的汗蒸幕、美国火山石美容、泰国砭石疗法，才发现岩盘浴配合酵素、负离子水，效果非常快速，除了增加自身的S.O.D外，更可达到燃烧脂肪，逆龄细胞活化，美容效果非常显著。试想一下，只要在房间好好地休息四十分钟就可达到跑步十公里

的效果，更有助排毒及帮助内脏运动，还可以解除一整天身体的紧张及肌肉酸痛，不需要很辛苦地出去跑步、运动。需要应酬的人喝很多酒，岩盘浴都可以帮助他们把酒精排出体外。我成立璞·养生会馆正是主要为忙碌的都市人提供一个城市绿洲，帮助忙碌生活人达到懒人运动、减肥、美容、保养的效果。这里还搭配有机饮食、按摩、美容等，一整套疗程可达到细胞更新活化的作用。

通过本书，主要让读者了解要达到美容、运动、保养、排毒多元的效果，岩盘浴是最快最新颖的方法！也可说是最有效的懒人美容瘦身法。岩盘浴在中国台湾、日本、韩国很流行，但一般岩盘浴只用神黑石还有火山石，我觉得要达到最佳效果，需要搭配更高能量的璞石为辅助，所以璞·养生会馆的房间加入了红玛瑙、绿玛瑙，全部有着西方科学验证、中医流传下来有记载的记录，整个系统由我亲自设计，目前中国台湾、韩国、日本也没有同类型的养生馆，第一家就中国香港。

美的定义是什么？对于我来说，就是要美得逆龄，瘦得健康，这正是我今天要通过这本书带给大家的养生秘笈。

Debbie.S

苏盈熹

会馆资料：璞 · 精致养生会馆

营业时间：8am - 3am

地址： 北角马宝道28号华汇中心十一楼
(港铁北角站A4出口上盖)

电话： +852 2896 2998

微信公众号

官方网站

目录

岩盘浴的好处

纤型瘦身

躺在岩盘石上 40 分钟，就等同于跑步约10公里运动的效果。

改善肤质

促进排汗清洁皮肤毛孔，改善暗疮问题及预防毛孔变得粗大，亦能淡化色斑，使皮肤细滑。

舒缓痛症

帮助身体排出大量酸性代谢废物及重金属离子，净化血液和舒缓各种痛症。

深层排毒

释放远红外线渗入至体内深层，
具显著的温控和共振效应，
使体温上升，血管扩张，
加速血液流动，改善微循环，
帮助内脏运动，
从而促进养分吸收，
排出体内长期淤积的有害物质。

消除疲劳

能有效降低末梢神经的兴奋程度，改善头部和颈部的微循环，促使大脑迅速进入深层睡眠，获得良好的睡眠质量。

调理体虚

远红外线能使体温上升，
活化身体机能，有效舒缓
痛经及妇女不适。

舒缓压力

岩盘浴能促进排汗，过程中能释出胺多酚，减轻压力，亦能抒解更年期出现的潮热、烦躁、失眠等症状。

石头能散发红外线，而树木则会释放负离子。

风靡世界的岩盘浴（远红外线温热疗法、负离子电位疗法），会产生远红外线与大量负离子，可使身体大量发汗、燃烧体脂，直接帮助内脏运动。把不好的毒素排出体外，达到返璞归真、根本疗法，消除身体疲劳酸痛，达到“美肤+瘦身+抒压”的三重目的。

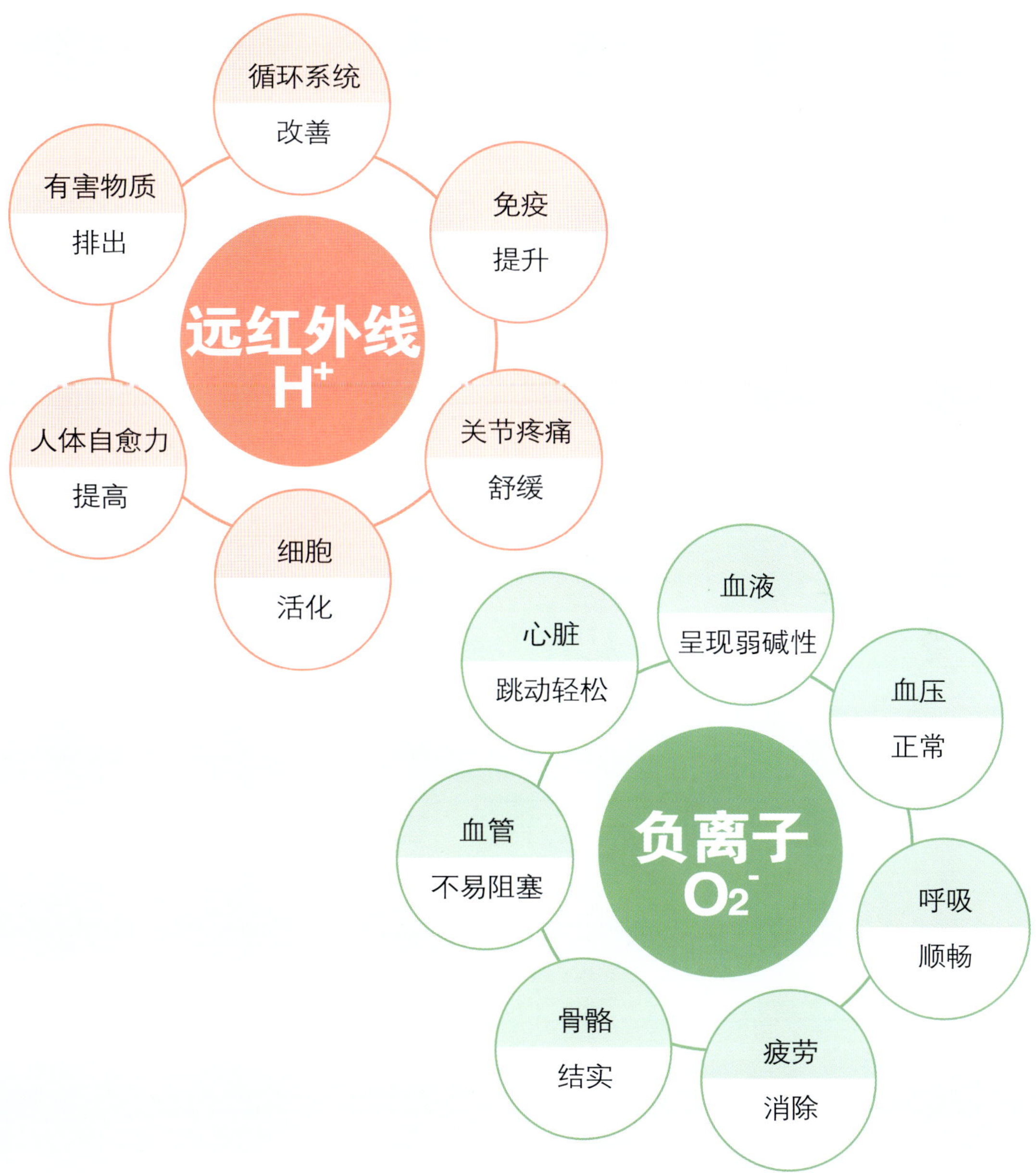

岩盘浴养生房 细胞活化流程

1

为帮助排汗，请先卸妆、简单淋浴冲净身体并更换璞·精致养生会馆为您准备的浴衣。

使用本会馆为您提供的电气石、麦饭石花洒，水透过自然雾化以便分解皮肤上的污垢。无需使用沐浴乳、肥皂……等（化学合成清洁产品会易使毛孔阻塞，导致排毒效果欠佳）。

请记得将大、小毛巾一起带进选择的养生房。

2

进入岩盘浴养生房前先到本会馆水吧，喝我们为您准备的酵素和708养生水。

酵素里面的酶，是帮助细胞吸收养份的媒介，更可帮助细胞活化，产生自身的S.O.D.而达到「抗氧化」的效果。

708负离子水能调节血液浓稠度，让血液循环更理想，且迅速补充细胞所需养份与氧气。

3

首先趴在岩盘上10分钟。

帮助内脏运动功能启动。

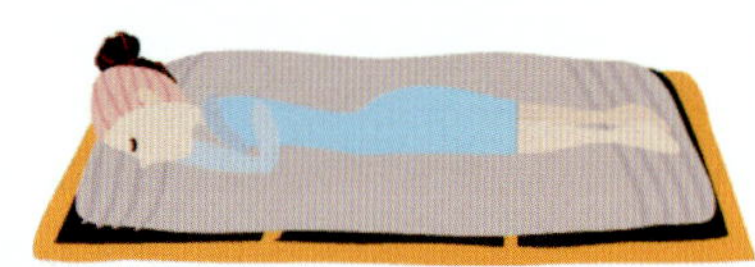

4

仰卧岩盘上10分钟（翻面了）。

轻松舒适地进行，使全身细胞共振和活化。

5 左、右两侧各躺10分钟。（想像自己就是泰国的卧佛）

\# 加强淋巴系统排毒。

6 最后，记得结束后还是要多多补充水份。

\# 多喝水能帮助死亡细胞代谢，若再进本会馆21号喜马拉雅水晶养生房更能有效活化新细胞，延长细胞与细胞间的运动。

建议：

· 可循环入浴及休息约2至3次（可依个人身体状况缩短或延长时间，同时补充大量水份）。

· 做完后身体的水份和脂肪混合乳化，排出的汗水清清爽爽不油腻，像是天然保湿乳液滋润全身。

· 岩盘浴养生疗程完成后2至3个小时不要冲凉（这会中断原有岩盘浴疗程在体内持续作用、修复的功效），直接用毛巾将汗水拭干即可。

· 当体内多余的毒素排出与细胞运动之际，我们身体更需食物补充进行细胞吸收、更新，这时食物的吸收度达到80%，享用璞 · 精致养生会馆为您特制的有机养生餐，能更好地补充能量。

使用岩盘浴后的体温变化

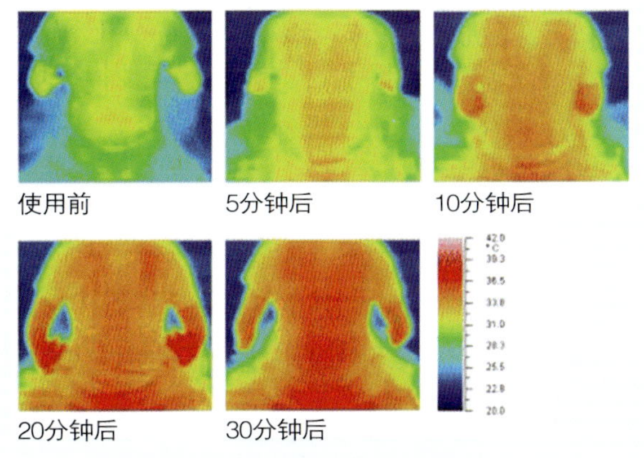

使用30分钟后，身体表面的温度达至近40度。

璞 · 精致养生会馆提供

根本疗法岩盘浴

细数近年最受欢迎的美容疗程，
岩盘浴绝对占一席位；
原因除了具有消除疲劳的功能外，
亦兼具排毒及提升免疫力等功效。

岩盘浴的历史

岩盘浴是配合天然矿石使用的温浴，先将岩盘矿石加热至摄氏 45 度左右，岩盘矿石床慢慢将热力均匀地散透到身体及体内器官，松弛身体各部分，同时通过汗水，将体内毒素排出。

传说中的预防岩盘浴始祖

神黑石

养生是人类共同关注的话题，
除了有着悠久的养生历史的中国，还有别国的人们养生有道，
当中的佼佼者日本长寿老人的平均寿命在80岁以上。
日本人有什么独特的养生方法呢？又能给我们什么启示呢？
除了多吃健康洁净的食物、多做运动这些老生常常谈的缘故以外，
岩盘浴相信亦都是日本人的健康秘笈之一。

璞·精致养生会馆提供

岩盘浴起源于日本秋田县的玉川温泉。早在江户时代，当地人发现有受伤的动物在温泉附近的温暖岩盘上休息，结果伤口迅速痊愈。因此，他们都纷纷效法，到温泉周围躺坐，让身体温热并达致大量排汗的效果。后经专家证实，当地天然矿石受火山产生的地热及加热后，会释放远红外线及负离子，能提供自然治愈能力和生命力、消除疲劳、加速新陈代谢及排出毒素等功效。

到了 2004 年，在北海道开始利用“神黑石”这种天然矿石，特殊加工制造经加热形成“岩盘浴”，从札幌、函馆开始流行。两年后“岩盘浴”热潮席卷日本全国。现在，差不多已有 2500 个以上的岩盘浴设施店。由于岩盘浴独特的自然健康排毒方式和神奇的保健功效，现已成为日本人的生活时尚。岩盘浴已被日韩认定是“懒人美容养生术”，轻松简单便能拥有健康美态。

神黑石有助增加血液运行，加速血液循环，提升身体含氧量。

岩盘浴在日本拥有悠久历史，近年流入中国香港，其中日本神黑石约在40度室温中，即可放射出大量的远红外线，不同于一般蒸气室或三温暖的地方，它的温度来自98%放射率的远红外线，而湿度则维持在40-50%，“远红外线”能平均地使人体内部产生温热，热能渗透到身体的内部，保健功效十分显著。

缓和疲劳

神黑石有助增加血液流量，加速血液循环，提高身体含氧量，增加细胞活性化，深受亚健康者的欢迎。同时可缓减肩、颈、腰、腿、神经、肌肉疼痛，缓和全身酸痛消除疲劳，减轻精神压力，提高工作效力。有研究显示，神黑石可改善睡眠、自律神经失调情况。

养颜塑体

岩盘浴使人体内脏慢慢发热，激活身体本身的功能，加速化解多余脂肪并排出；当中释放的负氧离子直接作用于皮肤，供应离子能量，以此来净化人体；另外，远红外线使身体大量汗液通过皮脂腺排出，这种汗被称为天然美容液，对皮肤有保湿作用，使皮肤光滑而富有弹性。岩盘浴亦可使人体肝脏慢慢发热，有助促进脂肪燃烧，增强减肥效果。

病症理疗

岩盘浴有助过敏性皮炎，更年期障碍及精神紧张的消除与减缓；防止衰老；改善腰痛、肌肉酸痛的情况；缓解便秘；提高人体免疫力。岩盘浴释放的远红外线能引起人体内水份子振动，再通过共振吸收，将穿透人体皮肤的远红外线电光能转换到皮下组织，从而使人体温度升高，促使毛细血管扩张，加速血液流动，改善微循环，进而更好的促进养份吸收，排除体内废物。根据东京女子医大前教授前田华朗先生提供资料表明，癌细胞在热的环境下生长及再生能力减弱，直至在体内消亡，这正与岩盘浴的热能功效有不谋而合的作用。

提升身体机能

岩盘浴释放的远红外线还有一个很棒的作用，就是“共鸣振动”，能将体内的水份轻摇变成水珠然后再轻爽地排出，让体内的机能旺盛。神黑石另外还具有“负离子”，它的“界面活性作用”能让水的粒子变微细，搭配远红外线的双重作用，让体内水分子都变微细变得更轻爽。

璞·精致养生会馆提供

梦幻房岩盘浴

→岩床为神黑石
→当温度在 36 度会放射远红外线
→26 种对人体有益的微量元素
→去除体内中性脂肪毒素
→减轻肌肉疼痛、消除疲劳
→促进新陈代谢

女王的秘密武器

优雅甩脂 燃脂房的奥秘

常说瘦身是女性的终身事业，然而现今世代追求的，已经不再是盲目瘦身了，而是要在养生的前题下达到健美的身段。对生活于繁忙都市的现代女性来说，要在忙碌工作的同时，兼顾均衡饮食与适量运动，达到三者并行可谓非常困难。想在辛劳工作后，吃一点cheat meal慰劳自己，又不用以达到运动抵销卡路里的话，你只需要轻松躺于燃脂房内，不消半小时便达到流汗慢跑一小时的效果。

璞·精致养生会馆提供

什么是燃脂房？

燃烧脂肪的概念大家听得多，但采用黄砭石触发燃脂作用的却少之又少。
黄砭石者，即以石治病。而以砭石预防之术，更是中医六大医术之一。
从科学角度来说，黄砭石是一个立体的能量空间，
这种能量更蕴含 40 多种有益人体的微量元素以及矿物质，
所以远在古代还未有炼铁技术时，古人发现了砭石能预防痛症、疾患之后，
便将石制成砭针、砭刀等医疗工具，
所以黄砭石绝对不只是作为一个简单的刮痧工具那么简单。

躺在黄砭石能量房中
20-30分钟，
就能达慢跑1小时
运动量的效果。

神奇的黄砭石

黄砭石一方面可以用自身蕴含的能量来激发人体的潜能，而只要使用得当，将砭石放在适合的位置上，更能达到净化肝肾等脏器、排除多余的毒素、全面增强人体免疫能力的功效，也就是有黄砭石疗法能有效预防感冒之说的原因。另外，黄砭石更对颈椎病、腰椎病、偏头疼、脑血管疾病的预防效果尤为显著。

最神奇之处，是黄砭石的能量会随着温度上升而更见显著。经过多次科学试验后，发现黄砭石在热度激发下，可以释出许多对人体有益的远红外线和超声波脉冲，这不但能穿透皮肤的表层，与人体深层的细胞产生共振作用，更能活化体内的细胞，加速血液循环的之余，促进新陈代谢作用，增强组织再生，功效相等于远红外治疗仪与超声波治疗仪。

虽然黄砭石拥有如此神奇功效，却鲜见坊间以聚集大量黄砭石来助女生轻松燃脂，而先前所说的燃脂房，正是以这种天然的石头作为轻松养身健体的工具。燃脂房集合大量黄砭石的能量，是集理疗、保健、养生、美容为一体的新生态养生的项目。只要将黄砭石加热至略高于人体体温的温度，只要置身房内，即能将体内的毒素经由汗水排出，而在排汗与排毒的过程中，更达到瘦身养颜的功效。

燃脂房的五大功效

消除亚健康

现代人的饮食无规律胃口差、精神紧张多疑、失眠、精力不济，严重者更可能出现慢性咽痛，反复感冒等。

加热的砭石接触皮肤后，可以有效降低神经末梢的兴奋，改善头部颈部微循环，增加血液循环和血液流量，提高身体的含氧量及细胞活化性，促进大脑迅速进入睡眠状态、缓解紧张劳累、自律神经失调等。10次砭石疗程为佳，每次40至60分钟，根据不同症状，配合砭石能量保健仪效果更佳。

预防类风湿性关节炎

由于肩、颈、腰、腿、神经肌肉疼痛、五十肩之类的关节疼痛、酸胀，都是由于外界的风、寒、湿、热之邪入侵有关。砭石发出的超声波和红外线相结合，在短时间内能将邪气引起的疲劳和酸痛的乳酸代谢到体外，同时有消炎、镇痛的作用。10次1个疗程，每次40至60分钟，根据不同症状，配合砭石能量保健仪达到祛寒、胜湿、拔毒效果。

女子养生

现代女性99%属于寒凉体质，35岁以上的女性大多是上热下寒，上热是阴虚发热，下寒是肾寒冰冷，会出现痛经、月经不调、手脚冰冷、白带增多、腹部肚脐着凉或者乳腺增生。砭石特定频谱的能量场能促进血液循环，疏通经络、血脉，驱除积寒积湿。10次1个疗程，每次40至60分钟，根据不同症状，配合砭石能量保健仪效果更佳。

减肥美容

经络不通、体内毒素积聚、内分泌失调等，都是形成肥胖和面部皮肤暗黄的原因。砭石能活化人体细胞、消耗热量、排出体内多余的水份、盐和皮下脂肪，尤其是人体脂肪在42度时，水溶性会增强，使之更易于随汗排出，达到减肥的效果、燃烧脂肪，从而达到塑身美体的功效。

砭石能改善皮下微循环，调节脏腑经络之气，能更有效地发挥通血脉的作用，另外，借着排汗更可以促进血液、淋巴的循环，使皮肤代谢更良好，焕发肌肤光滑柔嫩。10次1个疗程，每次40至60分钟，根据不同症状，配合砭石能量保健仪效果更佳。

提高身体免疫力

睡在加热的砭石上，皮下深层温度上升，扩张小血管及毛细血管，促进血液流动，改善微循环提高抗病能力，增强淋巴液循环，加速排出人体内的重金属与毒素，增加血红蛋白的含氧量，活化细胞，提高组织的再生能力，并且维护神经系统的健康。砭石含有40多种微量元素和矿物质对人体有益的补充，使人精力更充沛。适用于所有客户。10次1个疗程，每次40至60分钟，根据不同症状，配合砭石能量保健仪的滑罐效果更佳。

璞·精致养生会馆提供

燃脂房岩盘浴

→岩床为黄砭石
→有对人体有益的 40 多种微量元素和矿物质
→产生的远红外线和超声波能消炎和镇痛，消除身上的不适和病痛
→排毒养颜
→躺在砭石能量房中 20-30 分钟，就相当于慢跑 1 小时运动量的效果。

无添加养生术：H_2O氧气房

氧气是所有生物维持细胞运动的必需品，更是维持人体生命不可或缺的，除此以外，氧气在养生上扮演着什么角色？纯氧美容，正是我们要介绍的无添加养生术。

甚么是纯氧养生？

别以为纯氧养生就是呼吸氧气这么简单，要让身体细胞有效吸收氧气，必先提升氧气浓度；要提供纯氧养生的专业器材，首先要用到变压吸附原（PSA），以空气为原料，不加任何添加剂；在常温下，外界空气经无油压缩机加压，通过物理吸附作用，将空气中78%氮气和21%氧气分离，短时间内迅速使室内的氧气浓度从21%提高到40%至60%，高纯度氧气源源不断地输入到室内，在补氧的同时结合负离子分解空气中的烟尘和各种杂质，达到祛除异味及杀菌的作用。

璞 · 精致养生会馆提供

纯氧美容房对人体健康有什么功效？

璞 · 精致养生会馆提供

消除疲劳、提高智力和工作效率

人脑耗氧占整体 20%，并且对缺氧特别敏感。大脑供氧不足，会引起体力不支、头昏、失眠、记忆力下降及食欲不振等疲劳综合症，影响人的智力和工作效率，吸氧后可以明显改善上述情况。

提高身体抵抗力、祛病防病

可增加人体细胞、组织和器官的物质代谢；增强各器官的功能，提高机体免疫力，对脑部供血不足、脑梗死、冠心病、哮喘、神经衰竭等常有很好防治作用。德国医学专家研究表明氧气对防治肿瘤有较好的医疗作用，近年刊载有关于吸氧疗法针对艾滋病、病毒性肝炎的实验报导。

美容养颜

可增强人体细胞的有氧代谢加强皮肤营养，使松弛的皮肤增加弹性减少皱纹；减少黑色素沉着，使瘀斑减退，美化肌肤；有助于改善毛囊营养，促进毛发生长，预防脱发。达到容光焕发，青春常驻的效果。

抗衰老

随着年龄的增长，血管硬化及肺功能减退，人体内动脉血氧份压逐渐下降（吸烟者更为明显），通过吸氧可明显提高氧分压，更可预防老年病的提前降临。此外吸氧还可提高超氧化物歧化酶（S.O.D）的生物活性，抑制体内有害自由基对细胞的损伤，对老年性痴呆症等多种老年性疾病有防治作用。

璞·精致养生会馆提供

改善男性性功能

吸氧保健是一种高级强身方法。吸氧可增强视力，改善老花眼；保持旺盛精力，改善生活质量；此外还可以促进运动后体力快速的恢复。

有益胎儿的生长发育

胎儿需要的氧气是通过胎盘从母亲的血液中获取，故此孕妇吸氧使胎儿更优质地发育，预防早产或痴呆的发生。

改善亚健康状态

现代社会的人们，常会有这样的感觉：情绪低落，心情烦躁、易失眠、倍感疲劳、慢性咽痛，反复感冒…… 医学专家称之为“亚健康状态”。据调查统计显示，约有60%人群处于亚健康状态，而且中青年知识分子比例更高，约78%人处于亚健康状态。实验证明，吸氧对改善亚健康状态非常有效。

璞·精致养生会馆的「H_2O纯氧美容房」正配备纯氧养生必备的变压吸附原，不止可达到养生功效,人体亦会感到非常舒适。

玛瑙玉石的养生缪斯

别以为红玛瑙与绿玛瑙对女性的裨益，
只能够把宝石制成手链等饰物配戴身上而取得。
试想想，如果能够置身充满玛瑙玉石的岩盘浴房，
主动摄取它们的神奇功效，
养生与美颜的效果自然更显著。

璞 · 精致养生会馆提供

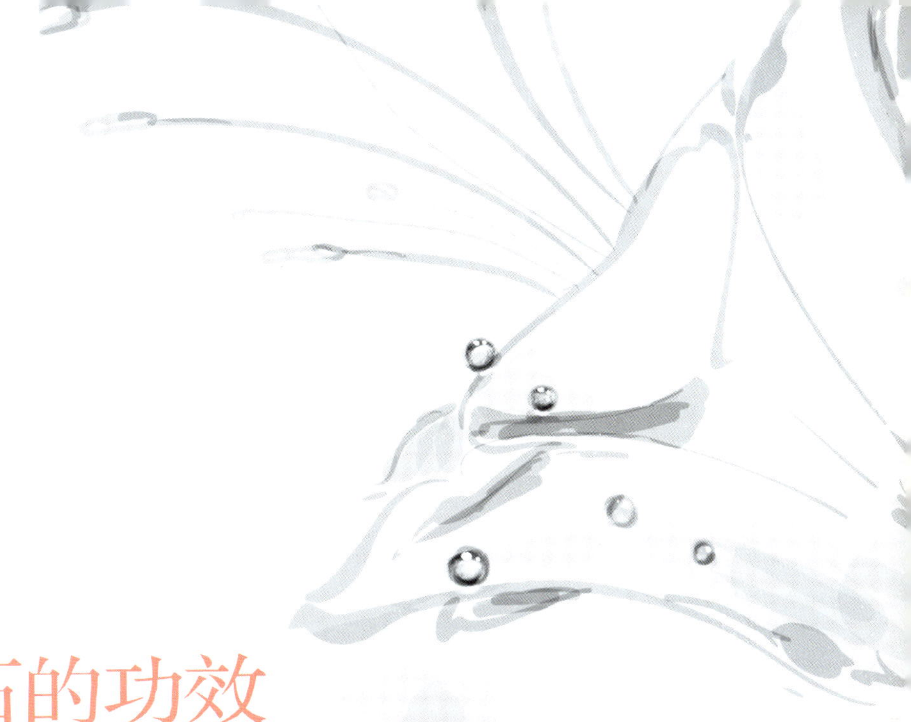

玛瑙玉石的功效

谁说世事总不能两全其美？若将红玛瑙与绿玛瑙结合成岩盘浴房间的话，置身其中便能分别得到两者的玛瑙玉石房的功效 。

祛病镇痛

人体内微动脉、毛细血管和微静脉之间的血液循环，叫做微循环。微循环是人体组织细胞吸收营养与氧气，排出代谢产物的交换场所。我们的身体之所以会出现各种疾病和疼痛，正是因为微循环不通造成。中医有谓“通则不痛，痛则不通”，微循环在医学上素有人体“第二心脏”之称。当玛瑙玉石接触人体后，会以水波纹形式放射大量远红外线光波，深层透入人体三厘米内，加速血管扩张，提高血液流速，配合远红外线，更可以让肌体微循环的血液流量在 20 分钟内提高 80%至114%。当人体微循环得到有效改善，体内垃圾亦得以排出，便能达至降压、降脂，达到消炎退肿、镇痛祛病，养心利肺，宁心安神之功效。

玛瑙玉石介绍

延年益寿

玛瑙玉石发出的远红外线与人体内细胞分子的振动频率接近，深入人体之后便会引起人体细胞的原子和分子的“共振效应”。通过共鸣吸收，使微血管扩张，便能促进血液循环，将防碍新陈代谢的障碍清除，重新使组织复活，促进酵素生成，活化组织细胞、防止老化、强化免疫系统功能。

玛瑙，是常见的硅氧矿物，亦是最具疗效的宝石之一。它是集物理疗法与精神疗法为一体的神奇宝石。以科学角度看，玛瑙其实是石英，而我们熟悉的雨花石，其实也就是红玛瑙。

玛瑙在矿物学上属于玉髓的变种。它的颜色多种多样，由一般为半透明到不透明。正红色的红玛瑙则加强血液循环，让气色变好之外，更可消除精神紧张及压力，加强创意与创作力，在创作的过程中灵感泉涌。维持身体及心灵和谐，令人思想更正面积极，增强爱、忠诚及勇气，更可促进富足、幸福感，心灵满足自然健康长寿。

玛瑙玉石对思想消极，没有目标及冲劲的人，有刺激其好奇心及行动力的作用，也能消除恶意与忌妒，带来和平的新关系。

排毒养颜

根据《本草纲目》记载，玉石有“除胃中热，解烦闷，润心肺，助声喉，滋毛发，养五脏，安魂魄，疏血脉，明耳目，久服轻身长年”的疗效。就如为细胞供电一样，玉石中含有对人体有益的多种微量元素，能够有效补充细胞营养。因为线粒体需要一定的化学物质来保证细胞的活力和清除细胞的毒素，而玉石的“光电效应”，能够增强细胞的动力和活性，诱发人体内细胞水分子的强烈共振和相互摩擦，将细胞的毒素排出体外，从而调节脏腑功能的和谐调和运行，令经络气血精确运转。

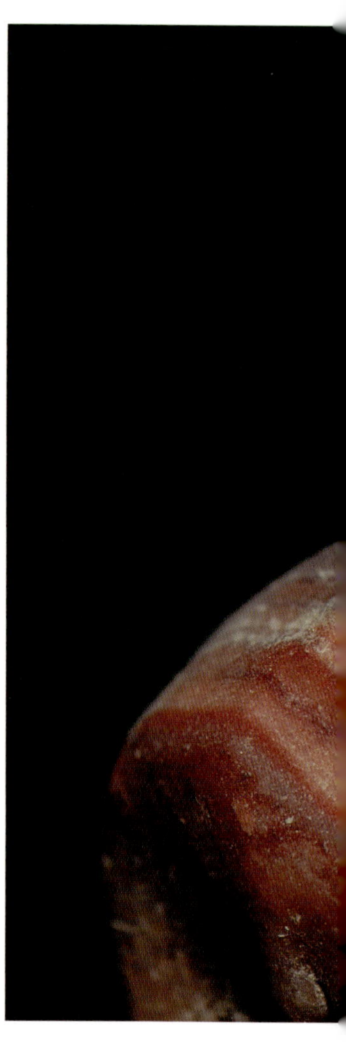

若能持续与玉石理疗为伴，可以令血脉重新打通顺畅，令肌肤美白细腻，眼睛明亮有神，就连头发亦会变得更有健康活力。

滋阴补阳

玛瑙又被称为赤玉，玉乃石之美者，味甘性平无毒。现代人总看到玉石表现的色调，将之设计成饰物，然而历代帝王嫔妃却看到玉石内蕴的功效。先有妲己以玉美容，杨贵妃含玉镇暑，亦有徽宗嗜玉成癖，慈禧太后更终生以玉枕为伴。

中医学认为，人的身体共有“精、气、神”三宝，当中以“气”的使用尤为突出，而玉石正是蓄“气”最充沛的物质。“玉在山而草木润，玉在河则河水清”，所以当我们以玉石按摩人体穴位时，便能刺激经络，疏通脏腑，储蓄元气，养精神，滋阴补阳，有五子（衍生丸）和六味（地黄丸）之功效。

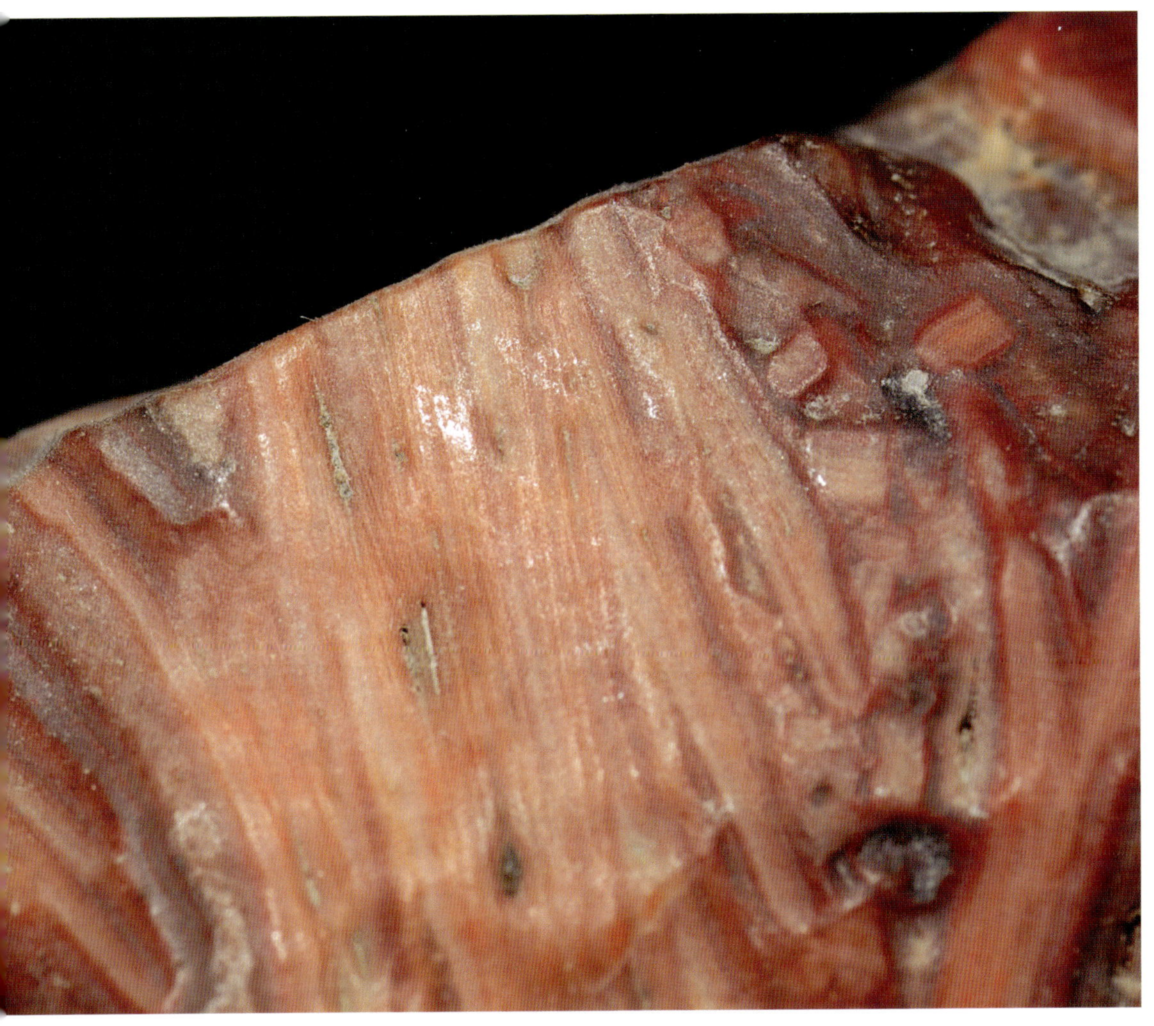

抗击辐射

玛瑙玉石中的有效成份，可吸收放射性物质，解除有害重金属如镉、铅等对人体的毒害，阻止其在人体内扩散。

有害电磁波可以对人体的心脑血管系统、视觉系统、生殖系统产生不良影响，也是癌症和白血病的重要诱因。通过玉石养生理疗作用，可有效抵挡有害电磁波对人体的侵害，增强人体免疫功能，提高机体的抗病防病能力。

红玛瑙的功效

很多人都听说过红玛瑙可平衡正负能量，消除精神紧张及压力。正红色的红玛瑙加强血液循环，而这正能量让普遍气虚的女性拥有更好的气色，去除性障碍之余，更可避免性无能与不孕。

若想针对改善肠胃，可选择偏橘色的红玛瑙，对直肠、胃肠都有针对效用，更可活化内脏，预防便秘，帮助排出毒素；另外，红玛瑙亦能预防肝病、风湿、神经痛、静脉曲张等情况。

红玛瑙对应海底轮，可调整雌激素，增强血液循环，调和气血并促进新陈代谢，让你容颜更添光彩。由于使生殖系统变得更强，妇女病、经痛等女性烦恼亦会随之而减少。

璞 · 精致养生会馆提供

璞 · 精致养生会馆提供

璞 · 精致养生会馆提供

红玛瑙玉石房

→岩床为红玛瑙

→正红色的红玛瑙则加强血液循环，让气息变好，去除性方面的障碍。

→偏橘色的红玛瑙，对直肠、肠胃都有一定效用，可活化内脏，预防便秘，帮助排出毒素。

→对肝病、风湿、神经痛、静脉曲张等都有预防作用。

绿玛瑙的功效

在众多宝石中，绿玛瑙可算是最独特的一种。它既能美容，更能延年益寿。

亚洲女性对美白尤为重视，而绿玛瑙正具这种令人趋之若鹜的美容功效。绿玛瑙能促进血液循环，使女生的皮肤变得更白更透亮。城市人经常面对智能电话与电脑等蓝光，眼睛或多或少会出现问题，而绿玛瑙正能保护我们的一双“灵魂之窗”，对眼睛周边系统产生的疾病亦有帮助。

绿玛瑙对应心轮，能特别针对胸肺保护。另外，这种神奇的绿色宝石更能强化我们的免疫系统功能，使组织重新复活起来，亦能促进酵素生成，活化细胞组织并防止老化，对关节问题甚具疗效。除了能有效排除风寒湿热外邪外，对颈椎、腰椎、骨质增生及风湿性关节炎疾病引起的头疼、全身酸痛、关节酸痛、麻木等症状亦有明显的预防作用。

璞 · 精致养生会馆提供

精品玛瑙玉石房

→岩床为绿玛瑙玉石
→放射大量远红外线光波，透入人体
→有效改善血液循环、降压、降脂
→消炎退肿、镇痛祛病、养心利肺、宁心安神
→预防颈椎、腰椎、骨质增生
→预防风湿性关节炎疾病引起的头疼、全身酸痛、关节酸痛、麻木等症状

璞·精致养生会馆提供

美丽的玉

玉石养生·玉磁场

蛇纹玉石属岩浆类玉矿，是中国稀有玉种，
被称为药王石，具极强磁性，
近年对人类的保健功效被发掘。
经科研人员多年的反复研究实验，
蛇纹玉石含有6.73%的活性磁铁和
二十六种人体所需要的微量元素，
有双向调节、加强渗透及排除人体内毒素的神奇功效。

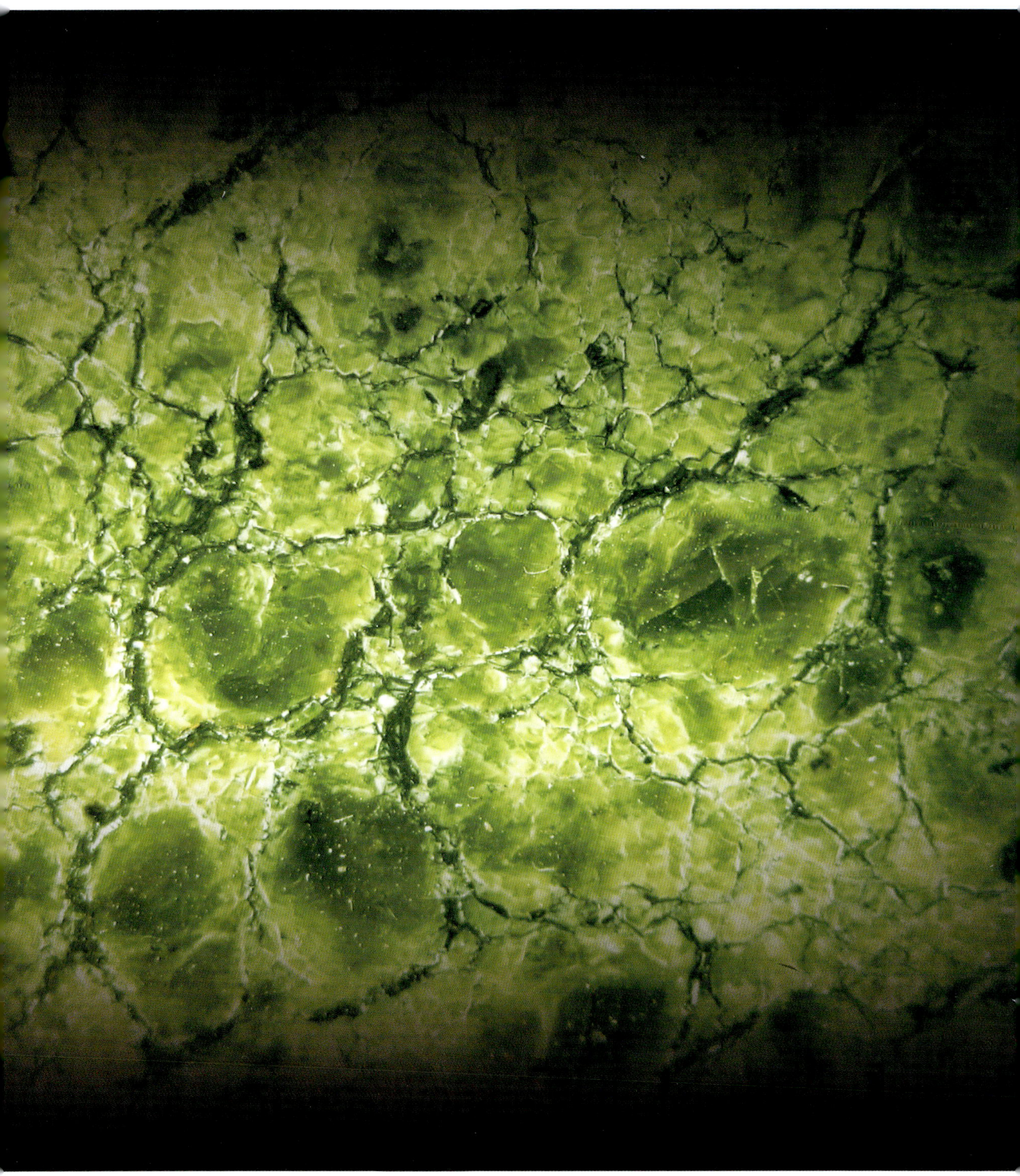

蛇纹玉石之所以有「天赐的药」的美誉，除了因为玉磁场有磁化功能，且能发出吻合人体的远红外线波，奇异的磁疗效果，亦因它富含人体所需微量元素，促进元素平衡，益寿延年，对人体微循环极为有利。蛇纹玉石亦具抗氧化，清除自由基，美容养颜及延缓衰老的效果，所以深受女士欢迎。

益经安神

蛇纹玉石中的矿物质及微量元素，在静电磁场作用下，通过人体皮下细胞和部径穴位进行按摩而浸润人体，从而提高人体免疫功能，使微循环系统各机理平衡，达到疏通经络、气血流畅、脏腑安和之功效。长期使用可以减皱祛斑，养颜润发，增长记忆，白发转黑，激发再生，延年益寿之功效。

净化身心

蛇纹玉石独特的循环磁场能改变水分子结构，可对水进行净化，自动调节饮水中的pH值达到人体需要的碱性水要求，这样的水对身体有双向调节作用，改变体质，使人精神饱满。另外，蛇纹玉石富含二十六种人体所需要的微量元素，在适当的水温下缓慢析出，用之于人可杀菌、消炎、镇痛，用之于物可去污、防腐、保鲜。

祛斑健美

长期用蛇纹玉石处理的水洗脸、手、脚、澡能使皮肤光滑细嫩、富有光泽弹性，祛皱祛斑、重现青春，甚至可达到减肥的功效。另外蛇纹玉石含有的锌、铜、硒、锶等元素，头发有保养作用，可有效防止头皮发痒，去除头皮屑，使头发乌黑柔顺。

明目润肺

蛇纹玉石可促进血液循环，帮助人体排毒，使皮肤光润细嫩变白且富有弹性，对颈椎病，咽炎、肩周炎有非常明显的预防效用。蛇纹玉石可调节阴阳，能缓和惊悸，心热、赤眼、齿肿、咳嗽、肺痛、甲亢等，故此有明目、润肺等功效。

舒经活络

蛇纹玉石的玉磁场可达到舒缓神经及通经活血之效，同时亦有效预防脑血栓后遗症、脑梗死、脑出血后遗症、神经性耳鸣、颈椎病神经性头痛、头晕、失眠、神经衰弱、高血压、糖尿病、脑血管动脉硬化等症状。

璞·精致养生会馆提供

精品蛇纹玉石房

→岩床为蛇纹玉石化大理石
→岫岩玉都特有的一种玉质大理石
→红外线放射率高达93%
→具有人体活血功效
→产地只限中国台湾和意大利

原始！净化！纯净！

喜马拉雅山水晶盐

据《现代科学报》报道科学家证实
盐洞作防空洞使许多患哮喘、
慢性支气管炎和其他呼吸道疾病的人都被治愈！
盐房的适用人群非常广泛，
它可以适用于不同年龄段的顾客，
即使是儿童和孕妇也可以使用它。

璞·精致养生会馆提供

利用盐作治疗用途变得相当普遍，经科学研究，水晶盐可释放对人体有益的亲生物负离子、发射与人体相近的天然生物电磁频率及发出通过半透明晶体结构所产生的益生光谱，能中和有害正离子，降低辐射电波，为身体带来神奇的功效。

岩盘浴排毒运动后，
配合水晶盐房能修护细胞。

预防慢性疾病

喜马拉雅山水晶盐有助深化和减缓呼吸，集中注意力，延缓皮肤的老化和皱纹。盐房能预防过敏、湿疹、牛皮癣和神经系统的不适，与此同时，健康的人也可以在盐房中进行预防性的治疗。在东欧，生物能量研究专家和同类疗法医师都推荐使用在建有地下盐矿的医院，对预防呼吸系统疾病、过敏症、神经性头痛、风湿病、神经衰弱和其他多种疾病都有帮助。

改善皮肤质素

在盐疗床、盐板、盐灯、盐砖、盐枕的特殊功效下，各种天然矿物元素能有效地渗入肌肤，并利用钠离子和氯离子独特的渗透机能疏通毛孔，从而改善汗腺分泌，促进血液循环，缓解疲劳松弛的喜马拉雅水晶盐含氟化纳98%以上，元素包括铁、钙、镁、钾、铝、锌、镓、硅等等数十种人体所需矿物质，是名副其实的“盐中之王”！

改善呼吸性疾病

水晶盐所产生的负离子有效地减少空气中大量的污染物质，并吸收湿气，中和空气中过量的正离子而达到净化空气的效果，因此可减轻因鼻敏感而引发打喷嚏的症状、敏感性的偏头痛和花粉导致的发烧。也可减少气管敏感的发生、增加身体的免疫能力，同时亦可以增加肺容量和减少伤风感冒的发病率使周围的空气都变的清净，进而达到休养身体的目的。

平和情绪

一些心理治疗和精神分析医生也在在治疗时广为使用。英国，美国以及中欧的很多国家进行试验，证实是盐晶能释放出负离子，对人的身心具有调节作用，平和情绪，放松身心。可以达到舒缓压力，营造出舒适的环境效果，因此还被用于禅定室和按摩室，使得享受者更有安宁的感觉，令人长时间清醒，提高生产能力和集中注意力。

喜马拉雅水晶房

→水晶盐会中和正离子与对身体负性的电波
→释放大量负离子帮助刺激皮脂线的排毒
→预防呼吸道疾病
→预防过敏、湿疹、牛皮癣
→加强免疫力，减少感冒机会

璞·精致养生会馆提供

活化方程式

逆龄不难·黄土球

黄土球里含有钛的成份，
钛是会在36度温度下永久释放负离子的能量之一。
它是拿来做医学制药，癌症病患的药中都有钛的成份！
研究亦指出，黄土球能量房有着良好的促进血液循环，
提高人体免疫力的保健功效。

璞·精致养生会馆提供

璞 · 精致养生会馆提供

黄土球中含有硒、锰、锌、铁、镁、磷、钙、钾、锶、镱等30多种对人体有益的微量元素，能激发酶的活动，提高酶的催化作用，从而改善代谢机能，促进营养物质的消化与吸收，增强抗病能力，促进生长发育，具有很高的理疗功效。除此以外，黄土球还有以下的四大功效。

放射负离子及远红外线

黄土球有释放负离子的能力，负离子有助净化空气、防腐及改善睡眠的功能，而且它能吸收周围空气中有害物质，改善空气质量，祛除异味等。此外，黄土球亦会释放对人体有益的远红外线；红外线发射率达到93%，与人体自身所发出的远红外线波段完全一致，完全无任何副作用。

屏蔽电磁辐射及节约能源

黄土球有遮挡电磁波的功能，如用黄土球铺设墙面和地面，能减少环境对人体的电磁辐射。另外，黄土球能吸收热量后能发射远红外线，缩短加热时间因而达到节能效果。

营养保健及抗菌防霉功能

黄土球产生的硒、锰、锌、铁、镁、磷、钙、钾、锶、镱等30多种微量元素极易被人体所吸收，对人体相当有益，进入黄土球池后可以站、坐、跪、爬、躺等从而对身体达到保健按摩的疗效。黄土球亦有效防止霉菌和对人体有害的各种菌类的栖息，减少对人体的伤害。

吸附性及调节湿度

黄土球的吸附性相当高，衣服异味、烟味及其他气味能迅速被黄土球吸收，除了有效去除异味之外，亦有效去除有害物质；另外黄土球对环境湿度有自动调节力，能保持使用环境的相对湿度。

璞 · 精致养生会馆提供

黄土球养生房

→岩床为黄土球
→含有锰、锌、铁、镁等30多种微量元素
→激发酶的活动，改善代谢机能
→促进营养物质的消化与吸收，增强抗病能力
→促进生长发育及血液循环
→提高人体免疫力

火山石传说

火山土壤含有大量天然的丰富物质，
而以火山土壤栽种的植物，更含有城市人身体最渴望摄取的养份。
经常以火山能量石理疗的话，不单能吸收来自大自然的能量，
更可达塑身美容、排毒健体的功效。

美容护肤

以火山能量石按摩身体时，会使皮肤微血管扩张，加速血液循环，同时加快为肌肤补充氧气和养份，排出皮肤毒素，使上皮细胞的新陈代谢旺盛，皮脂腺和汗腺的活动亦跟着活跃起来，皮肤因而变得更光泽亮丽。火山石能透过皮肤神经的路径影响中枢神经，舒缓压力，进而影响内分泌，改善雀斑、消除眼袋与黑眼圈之余，更可祛除眼额的皱纹。

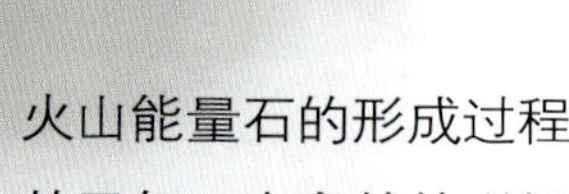

排毒健体

火山能量石的形成过程中，就凝聚了大量天然的灵气，大自然的磁场、丰富微量元素矿物质及地心磁场巨大的正能量，对身体都充满益处。正能量释放的磁波经神经，能传导进入中枢神经的主要腺体如松果体、下视丘、脑下垂体等，加上微量元素的有益补充，能防病，更可达内调外养的美容功效。

塑身减肥

若以火山石结合芳香按摩精油，并以最深层的按摩，便能加强身体内血管和淋巴受阻部位的血液循环，而火山能量石向体内传输的热量，亦能为身体回到平衡点。火山能量石疗法主要以热石在能量穴道点上透热，配合指压和淋巴按摩手法，使下肢的水份滞留，祛除蜂窝组织，经静脉或淋巴管回流，消除浮肿，达到塑身的目的。

减压放松

火山石的导热性，使之与肌肤磨擦时产生远红外线效应，就如与人体磁波共振，渗透力强之余，亦能激发细胞再生能力，活化大脑中枢神经，放松面部肌肉，兴奋“副交感神经”更能支配微循环，作用就如换肤一样。以预防按摩与能量预防结合成冷热石能量预防，能增加身体的能量之外，更会使身体放松，改善睡眠质量，从而达抗压力之效。

解构
火山能量石

火山能量石含有大量的硅、铝、钾、钠、铁、镁等
26种有益人体的元素，
更蕴含铜、锌、铬、镍、锰等令身体健康的必需元素。
火山能量石疗法正在逐渐走进日常生活家庭保健领域，
成为21世纪最瞩目的自然疗法，
火山能量石疗法利用具有大地能量的火山能量石按摩，
能改善身体局部甚至整体系统。
只要通过深层的热传导方式，将热力源源不断地输入体内，
再经由反射穴点传导，对肌肉组织及关节具有激发调节功能。

璞·精致养生会馆提供

火山熔岩房

→岩床为火山岩石
→富含矿物质与微量元素
→加热后会释放出大量的雾状能量离子
→平衡神经系统、强化内分泌
→促进体内血液氧气供应量，增强细胞再生
→排除体内细胞膜上的病原

空心的木鱼石

几乎每个城市人都面对脾胃问题，不是吃得太多没营养的快餐，就是工作应酬饮酒过多，作息不定时令肝脏超出负荷，使脾胃虚弱，而木鱼石正好能抢救城市人的脾胃健康。

木鱼石的成分

木鱼石，是一种非常罕见的空心璞石，是中国一种有名的矿产，其主要成份为褐铁矿。根据《本草纲目》记载，木鱼石的性质属于甘、平且涩，功效能及肝脏、脾脏及大肠经，有“镇五脏、定六腑、益脾胃”之效。

木鱼石主要治滑脱久痢，可实胃而固肠，治下焦之标，崩漏带下，以其甘涩之性固肠收涩止血；当孕妇难产时，以木鱼石的重坠之性辅与其他药，有催生的作用；而木鱼石亦预防小儿顽固腹泻、胃源性腹泻、功血、子宫脱垂、自汗等极具疗效。

木鱼石的功效

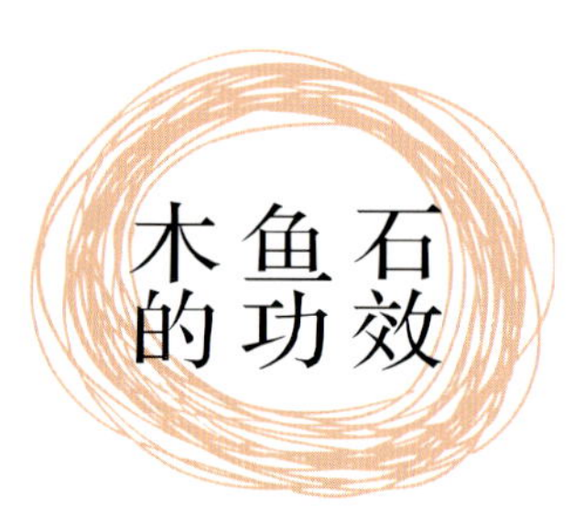

抗衰老作用

木鱼石含有很多对机体有明显功效的元素，例如铁质是体内血液中交换和输送氧气的重要元素，同时又是多种还原氧化反应酶的激活剂；而锰则能激活酶参于氧化磷酸化；硒是抗氧化酶谷胱甘肽过氧化物酶的组成成份；钙与RNA多聚酶、S.O.D活性有关，若以木鱼石作理疗，补充一定的有关微量元素，能对机体产生抗衰老作用。

璞 · 精致养生会馆提供

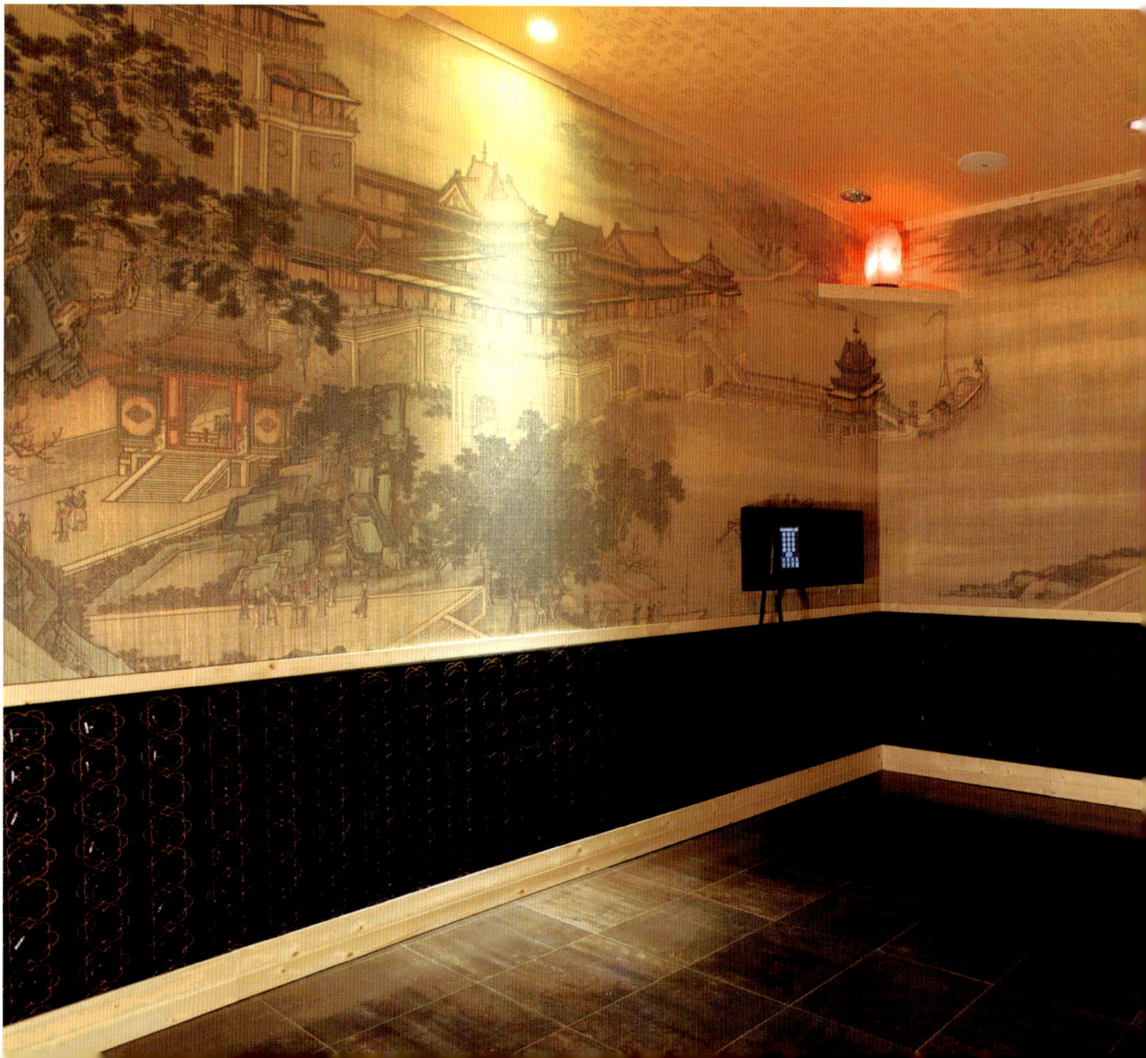

抗肿瘤作用

医学实验证明，身体若长期与木鱼石接触，能提高非特异抗肿瘤免疫活性，有扶正祛邪之功效。

提高免疫力

木鱼石有促进免疫功能的作用，能增加小鼠胸腺组织的生长。木鱼石含有多种微量元素，如硒、锌、钼等，补充一定的微量元素，可提高机体代谢和多种酶的活性，产生扶正固本和补益作用。

木鱼石房

→岩床为木鱼石
→含有许多有益人体健康的微量元素和矿物质
→可以对抗衰老，防止高血压、动脉硬化
→维持人体内的正常代谢，促进免疫功能
→有抗肿瘤作用

NASA太空总署的新发现
708
神奇矿石

引起慢性病的主要原因，
是人体毒素的累积及自由基的产生；
日本708电气石是目前释放负离子与远红外线能量最多的宝石，
透过以日本708电气石打造的负离子养生瓮，
对全身施以蒸、烤，使皮肤、
孔窍吸收负离子及远红外线的刺激，
同时通过排、调、补、起到调节五脏六腑、
滋养津液、濡润肌肤、调节微循环，
可达到治未病、治欲病、治已病的目的。

08

708负离子养生瓮的原理是以蒸气机导入蒸气，使瓮内温度达42至45度令电气石释放远红外线及负离子能量。透过远红外线与体内组织接触时，远红外线能刺激身体水分子震荡，使血管扩张，促进血液循环 。

排：通过蒸气的高热、熏蒸，更加促进远红外线（共振作用、温热效应），脉冲磁场及波动能量等的相乘作用，穿透人体表皮层、肌肉、打开人体深层汗腺及皮脂腺，疏通人体排泄的第三通道，促进机体新陈代谢，排除深层汗液及体内毒素，确保清新的体内环境。有效增加你的肝脏解毒排毒能力，提高机体免疫力，远离肝炎等传染疾病，令你成为“无毒”之人。

调：通过负离子、电解水，调节体内酸碱平衡，提高超氧化物歧化酶功能，促进血液黏稠度的分离，清洁血液畅通血管。有助维持和谐性生活，改善月经不调、痛经，经前综合症等，延缓更年期到来。

补：补充体内负离子，增强细胞活性，提高人体自然养份的吸收能力，结合中药提高免疫力和自然治愈能力。有效增强肺脏功能、增加肺活量，令呼吸顺畅，帮助预防感冒、咳嗽、气喘等疾病。

养：加强平时保养，坚持薰蒸疗法和饮用负离子水，维持体内分泌平衡以保持健康。令你远离手足冰冷，腰膝酸软，耳鸣耳聋等烦恼，远离性冷淡，并预防肾虚、肾炎、肾结石等疾病。

除了预防慢性病，女士们最关心的身体美容，708负离子养生瓮也可以照顾到。

诱人体香： 可以快速改变身体异味，令身体长时间的留香。
美白肌肤： 可令黝黑体肤快速全身美白，白里透红。
紧致提升： 可令松动肌肤紧致结实，增加肌肤弹性，并令肌肤如丝缎般柔滑，呈现自然光泽。
纤体减脂： 帮助远离可恶的大象腿、水桶腰、麒麟臂，令肌肉线条优美。
祛除水肿： 令身体远离臃肿状况。
淡化妊娠纹： 淡化消除妊娠纹、坚实肌肤，回复完美肌肤。

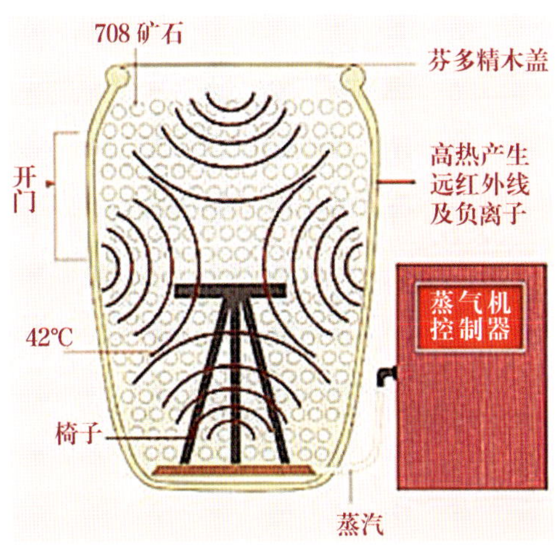

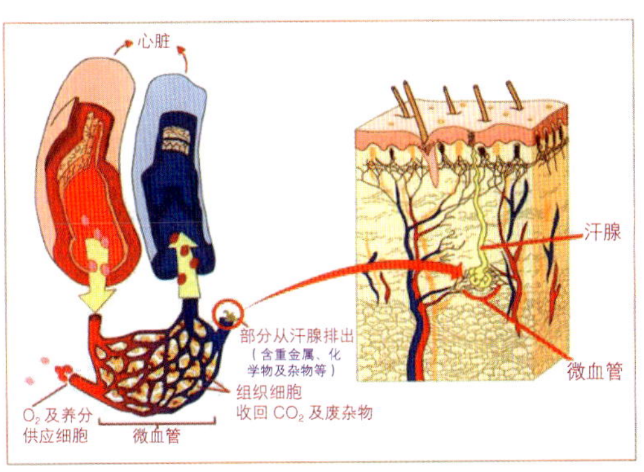

璞 · 精致养生会馆提供

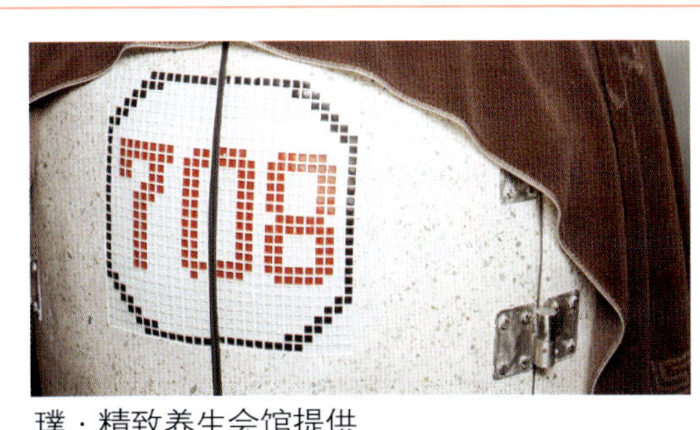

璞 · 精致养生会馆提供

708养生瓮

→ 岩床为708矿石
→ 以远红外线深入体内，排出血管内的重金属
→ 利用热胀排出体内废物

Q：为什么躺在天然矿石上会流汗？温度有多高？

A：不同于烤箱80度的高温；岩盘浴温度40度就能温和流汗是因为天然矿石所释放的4～14微米远红外线波长，让身体由内而外温热。

Q：岩盘浴的远红外线对我有什么帮助？

A：身体健康重要的关键之一就是血液循环；而岩盘浴的天然远红外线能加速循环与代谢；对身体的帮助是无庸置疑的。

Q：为什么躺完岩盘浴不须冲澡？

A：岩盘浴所排出的汗水因为是温热的底层缓慢加热，因此汗腺的吸收机能可以正常活动，所排出的汗水是接近于纯水，且不会黏腻发臭。再者除了汗腺之外，身体的皮脂腺也会因温热而分泌皮脂，可说是天然的化妆水。

Q：岩盘浴和三温暖有何不同？

A：对身体的负担较小。三温暖是从表面快速使身体温暖，所以很容易造成血压上升、心跳加速等不适状况，因此对身体的负担较大，也就是从外部加热，使身体温热并达到流汗的目的。岩盘浴是在比三温暖的温度及湿度都低的环境下，利用远红外线的效果，温和的温热身体底层，从内部温热，达到抒压发汗的效果。

岩盘浴vs三温暖

虽然岩盘浴起源于日本的玉川温泉，但别以为岩盘浴只等于普通三温暖。岩盘浴，亦称干式温泉，是不使用热水的泡澡方式，能够达到岩盘效果全因地热加上远红外线使身体温热，并用上释放微量矿物元素的能量璞石，使体内的细胞活化。

岩盘浴温度只有三温暖一半，心肺负担小，血压及心跳变化不大，也不会有呼吸困难的感觉，对于不适应三温暖的人可以轻易地使用，即使是老人家也很适合。

	岩盘浴	三温暖烤箱
室温	40度	70-73度
湿度	60%-70%	30%-40%
心肺负担	小	较大
血压及心跳变化	温和	较强
流汗状况	从身体内部缓慢温热促使发汗，汗水接近于纯水，清爽无味，汗水从皮脂腺代谢重金属毒素等皮脂，无需冲澡，皮脂膜可以保护肌肤。汗水如同天然的化妆水效果。	从皮肤表面急速增温促使流汗。而汗水从汗腺排出水份、盐份、阿摩尼亚等，所以较黏腻及具臭味，完成后必须冲澡。

城市中的大自然养生元素

璞·精致养生会馆

璞·精致养生会馆占地过万呎，设19间房间，
是全港最大型提供岩盘浴、远红外线空中瑜伽、岩盘瑜珈、
有机及天然养生膳食等健康美容服务的主题式复合养生会馆。
会馆气氛以禅风、科技现代感，轻松和舒适为主调。
将大自然养生元素搬入城市中。

麦饭石岩盘瑜珈房岩盘浴

→岩床为麦饭石

→含有人体必需的数十种矿物质和微量元素

→在肝脏和肌肉的细胞中置换有害重金属元素

→加热后释放远红外线，配合基本瑜珈动作

→改善线条、深层排毒

→增强对有害病毒的抵抗力

红玛瑙玉石房

→岩床为红玛瑙

→正红色的红玛瑙可加强血液循环，让气息变好，去除性方面的障碍。

→偏橘色的红玛瑙，对直肠、肠胃都有效用，可活化内脏，预防便秘，帮助排出毒素。

→对肝病、风湿、神经痛、静脉曲张等都有预防作用。

燃脂房岩盘浴

→岩床为黄砭石

→有对人体有益的40多种微量元素和矿物质

→产生的远红外线和超声波能消炎和镇痛，消除身上的不适和病痛

→排毒养颜

→躺在砭石能量房中20至30分钟，就相当于慢跑 1 小时运动量的效果。

璞 · 精致养生会馆提供

蛇纹玉石房

→岩床为蛇纹玉石化大理石

→岫岩玉特有的一种玉质大理石

→红外线放射率高达93%

→具有人体活血功效

→产地只有中国台湾和意大利

玉石房

→岩床为米黄玉

→含有多种对人体有益的微量元素

→使微量元素被人体皮肤吸收

→活化细胞组织

→提高人体的免疫功能

木鱼石房

→岩床为木鱼石

→含有许多有益人体健康的微量元素和矿物质

→可以对抗衰老，防止高血压、动脉硬化

→维持人体内的正常代谢，促进免疫功能

→有抗肿瘤作用

负离子石板房

→岩床为负离子石板

→会释放大量的负离子进入至皮肤深层处

→汗从深层处流出

→所流的汗大都是五脏六腑之毒素

→对于预防失眠、自律神经十分有效

璞 · 精致养生会馆提供

精品绿玛瑙玉石房

→岩床为玛瑙玉石

→放射大量远红外线光波，透入人体

→有效改善血液循环、降压、降脂

→消炎退肿、镇痛祛病、养心利肺、宁心安神

→预防颈椎、腰椎、骨质增生

→改善周身酸痛、肌肉酸痛、麻木等

砭石能量养生房

→岩床为 5.5 亿前的古海积岩

→含有 47 种微量元素及美容用的超声波

→在砭石房 20 分钟将有慢跑 50 分钟之功效

日本岩盘浴

→岩床为北投石

→释放微量芬多精

→吸入微量芬多精可帮助深层排毒

黄土球养生房

→岩床为黄土球

→含有锰、锌、铁、镁等30多种微量元素

→激发酶的活动，改善代谢机能

→促进营养物质的消化与吸收，增强抗病能力

→促进生长发育及血液循环

→提高人体免疫力

璞·精致养生会馆提供

火山熔岩房

→岩床为火山岩石

→富含矿物质与微量元素

→加热后会释放出大量的雾状能量离子

→平衡神经系统、强化内分泌

→促进体内血液氧气供应量，增强细胞再生

→排除体内细胞膜上的病原

电气石房
岩盘浴

→岩床为电气石

→产生永久的电气，形成电场

→存在于电场圈内的水份会被电解

→产生与瀑布或森林等地自然发生的“负离子”相同的“电气石负离子”

和风木房

→岩床为和风木石

→世界上仅有北海道有此矿石

→可放射出高达98%远红外线及负离子

→远红外线温热人体内部，促进血液循环

→负离子搭配远红外线的双重作用

→促进身体的新陈代谢，提高免疫力

梦幻房
岩盘浴

→岩床为神黑石

→当温度在 36 度会射放远红外线

→26种对人体有益的微量元素

→去除体内中性脂肪毒素

→减轻肌肉疼痛、消除疲劳

→促进新陈代谢

璞 · 精致养生会馆提供

氧气房

→在汗蒸房内增加纯物理高浓度制氧设备

→结合远红外线技术与制氧技术

→远红外线带来的光按摩

→享受大自然中纯氧气的释放

→对人体保健效果显著

综合能量球房岩盘浴

→岩床为电气石球池、活性麦饭陶瓷球池、水机纳米球池

→由含锗量极高的天然黄土经高温烧成

→具有远红外线、无辐射的高级理疗功效

→能屏蔽电磁辐射

液态电气石房

→使用加工过后液态电气石

→以远外线、负离子、微电流共同构成的能量

→通过空气向人体提供能量

→使沉睡细胞运动

→42度高温下，能释放出比森林和瀑布近 2 倍负氧离子

喜马拉雅水晶房

→水晶盐会中和正离子与对身体不好的电波

→释放大量负离子帮助刺激皮脂线的排毒

→预防呼吸道疾病

→预防过敏、湿疹、牛皮癣

→加强免疫力，减少感冒机会

璞·精致养生会馆提供

生命活力的起源

酵素并不是什么神秘物质，它又称为酶，
是在所有动、植物机体均可发现的物质。
它是维持身体正常功能、消化食物、修复组织等必需的物质。
酵素由蛋白质构成，它们几乎参与所有的身体活动，
目前已知的酵素有大约4000种。每一种酵素在机体内都有其特定的功能，
非其他酵素能取代。人体尽管有足量的维生素、矿物质、水分及蛋白质，
但如果没有酵素，仍然无法维持生命。

酵素产品的种类一般包括锭剂、胶囊、粉末及液体等。它们可以彼此搭配或分开单买。有些酵素产品可能还含有蒜以利消化。大部分商品化的酵素来自动物酵素，例如胰酶（pancreatin）及胃蛋白酶（pepsin）。一旦食物抵达胃的底部及小肠，这些补充品便能帮助消化。有些酵素产品则取自植物酵素（曲菌），它们在胃的上半部便已开始消化前的工作，这样可减少身体的工作量，为身体省下许多需要的酵素。无论那种形式的酵素，都应该存放在适当的地方以确保其效用：锭剂与液体可置于冰箱，但粉末及胶囊则不可放入冰箱，因容易受潮；应把它们存放在凉爽、干燥的地方。市面上的商品酵素主要分为消化酵素，专门参与消化过程；及新陈代谢酵素，主要处理其他生命现象的各种反应，即体内所有的器官、组织及细胞，皆由这些新陈代谢酵素掌管。

毒素vs酵素

人体内有多少种毒素？答案是数以千计，
而体内废气、宿便、瘀血、乳酸、酒毒、胆固醇、
脂肪及自由基正是人体健康的最大敌人，
吸收酵素就是对付这些毒素的最大良方。

体内废气：腹胀、排气次数多。
酵素作用：延缓皮肤老化、促进排气。

宿便：天天排便仍有残便感，或长期一周3天以上不排便。
酵素作用：促进消化、防止积累宿便。

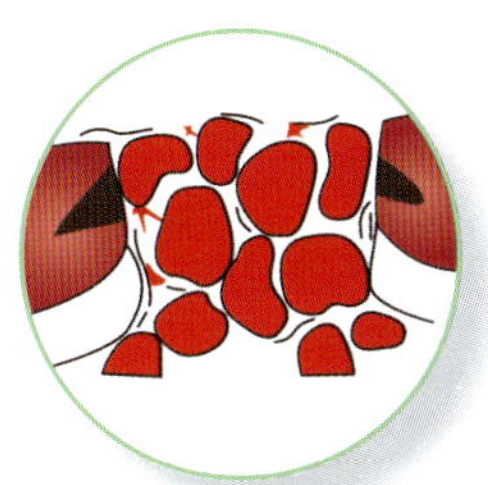

瘀血：身体疼痛、手脚冰凉，女性多表现为痛经和月经不调。
酵素作用：促进血液循环。

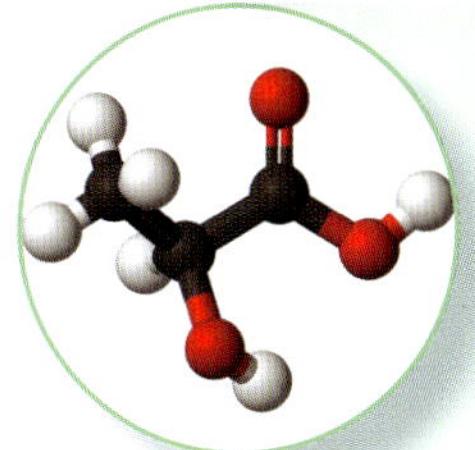

乳酸：身体沉重、肩颈酸痛、疲惫。
酵素作用：中和酸性食物、平衡体内酸碱环境。

酒毒：饮酒之后，面红耳赤或者脸色苍白、心悸、头痛、恶心、呕吐。
酵素作用：及时分解酒精、快速代谢酒精作用。

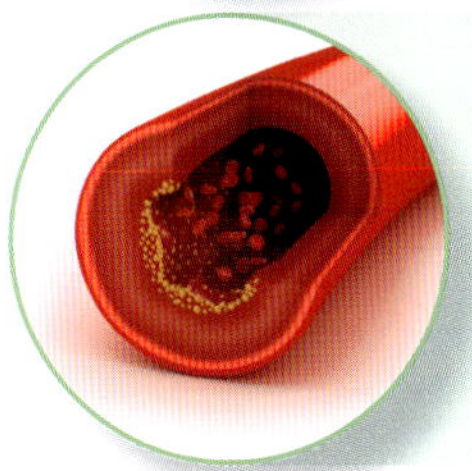

胆固醇：动脉硬化、心绞痛、心肌梗死、胆结石。
酵素作用：防止动脉硬化及血小板凝结，保护并维持心脑血管系统正常生理机能，起到保护心脏、防止中风的作用。

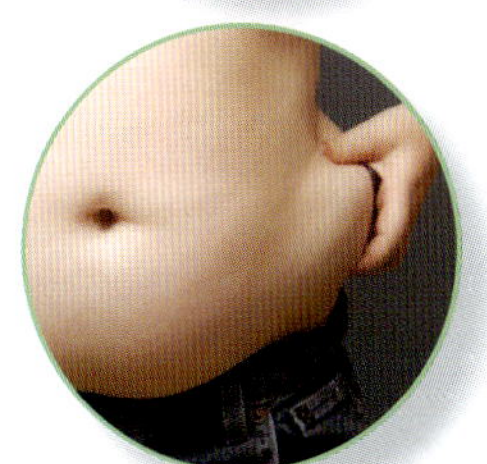

脂肪过多（针对肥胖人群）：高血压、高血糖、高血脂、脂肪肝、肝脏病变。
酵素作用：分解脂肪，抑制脂肪吸收。

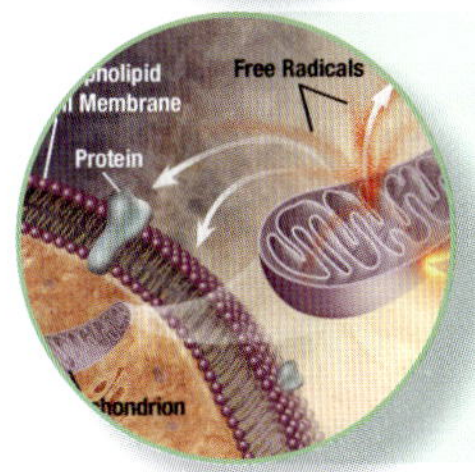

自由基：机体氧化反应中产生的有害化合物，可损害机体的组织和细胞，进而引起慢性疾病及衰老效应。
酵素作用：酵素中含有较多抗氧化成份，能消除或对抗自由基。

酵素正在运作中

酵素能够对抗毒素，但不同体质的人服用酵素后身体会出现不同的状况，有可能会出现短暂的呕吐、拉肚子、口渴或疲倦的感觉；不用怕，这正是酵素在你体内发挥作用的时候。

酵素的六大功能

酸性体质者：打瞌睡、口渴、尿频、屁多，服用后精神渐渐恢复，体质渐趋正常。

肥胖软肉者：呕吐、反胃、腹泻、全身酸软、晕眩等反应，轻重视体重而定，或粪便呈现黑色(宿便)，尿液黄赤，皮肤发痒等，是酵素体内催化排毒现象。

肠胃功能不好者：会有拉肚子现象发生，但不会造成身体不适，反而觉得舒畅；胸口发闷、发热感觉、食欲欠佳。有刺痛感者，是肠胃有发炎、溃疡情形。

肝功能不佳者：偶而会有晕眩、呕吐、皮肤痒、出疹、冒出青春痘等，是肝脏排毒反应；反应强烈者，全身会发痒、口渴、疲倦感、嗜睡、皮肤泛黄，期间应尽量休息。

肾功能不佳者：轻微水肿现象，两侧肾会有疼痛感、尿量增加、尿液变色，之后，膀胱排泄正常，各种现象消除。

心脏病者：呼吸异常，之后心脏负荷有减轻的现象。高血压者：头重的感觉持续7至10 天、血压暂时性升高、有呕吐感，之后的胆固醇会持续下降。

糖尿病者：全身或手脚浮肿、皮肤痒、视力变差等，之后，状况解除，精神会有不一样的舒服感觉。风湿痛、痛风、尿酸高者：会有全身无力感或酸痛，但几天后即消失。

妇科慢性病者：下体搔痒、分泌物增加、排泄物有血块；或在经期中有些人出现血多量大的反应，有些妇女会出现短暂乱经，但是之后经期会很畅顺且无血块。

更年期女性月经再生：因为高剂量活酸素的活化作用，催化女性内分泌激素的再生。

有内外痔疮者：排便时会有便血或夹带血丝现象，注意如厕时间不可过长。皮肤病疾患：长青痘者初期会稍微增加，但很快会消失；皮肤过敏者初期会发痒加剧，3至5天后减缓，7天后渐入健康境界。

公害污染环境工作者：会有身体发痒、发疹或长青春痘、下痢等排毒情况，之后毒素逐渐排出，现象消失，免疫力增强。

虽然酵素能够对抗毒素，但也要每天吸收足够的维生素、矿物质、水份及蛋白质喔！

科技发掘出来的 708负离子水

人们常说，女人是用水造的，
其实不论男女，我们的身体也缺不了水。
没有食物，身体尚且能维持数星期生命，
假若断了水，不出三、四天必然丧命，
亦因如此，水有着“生命之源”的称誉。
水对身体的重要性人所共知，只是，水对身体有多重要，
非每个人也了解。而水的质量对身体的影响力，
更可能是大部分人从没有想过要探索的议题。

天然抗氧补品

氧化电解还原水，名字看起来很深奥的，其实是指一种对水进行电解的过程，以受净化的自来水通过带有直流电的电解槽后，依同性相斥异性相吸的原理，水中带负电的氯、三卤甲烷、磷酸、硫酸、硝酸等对身休无益的物质会汇集到阳极成为带有正电位的酸性氧化水，而带正电的钙、钾、镁、钠离子等有益健康的矿物质，亦会同时汇集到阴极成为带有负电位的电解还原水。

阴极带有负电位的电解还原水，会分解水份成为活性氢，亦正是这些活性氢的作用，协助身体清除有害的活性氧，修复受损细胞、预防疾病、减缓衰老速度。另外，由于环境的污染、不良的饮食习惯如烟、酒、肉类、睡眠不足等，都会令身体产生大量自由基，破坏体内的细胞，加速身体的氧化及衰退，甚至导致癌细胞产生，而这些带有负电位的氧化电解水，更能达抗疲劳等作用，帮助人体恢复到与其实际年龄相称的“应有状态”，亦正是大自然赋予我们的优质水。

氧气在作怪

听过这么多水份对人体的好处之后，脑海有否泛起一丝念头，认为以后单喝水便能长生不老？其实随着年龄渐长，人的身体机能亦会受各方面的影响而逐渐衰退。因为体内的细胞会受活性氧攻击而氧化衰退，而活性氧正是我们常常听到的游离基。有没有感觉年龄愈大，新陈代谢也在减慢吗？吸收、消化能力也不复年轻时的模样吗？腰酸背痛也愈来愈多吗？这些其实都是活性氧在作怪，也是氧化作用的副产品－“体锈”引致的后果。

常常听到市面上林林总总抗氧化的护肤保养品，其实都是在对抗活性氧对身体造成的退化作用。而其实水也可以是身体抗氧化的保养品，能将退化了的身体的机能还原。还记得在引文中说过，水的质量对身体有着强大的影响力吧，而“氧化电解还原水”正是能将身体机能恢复的水份。

Debbie简易教学。养生食疗

城市人生活节奏急速，经常食无定时，又长期缺乏均衡营养饮食。
岩盘浴过后，身体具备接近百份之百的吸收营养能力，
所以要吃有机的食物，吸收到细胞里。
璞·养生会馆特别准备了由养生食材炮制的早、午、晚及宵夜餐单；
Debbie还会示范制法超简易的10分钟健康早餐。

10分钟简易养生早餐：
芝士火鸡火腿
松露炒蛋脆馒头

Step 1

先将馒头放入预热至120度的
焗炉烤焗5分钟至金黄色

Step 2

放上芝士并在平底煎锅煎至微软

Step 3

将有机炒蛋煎至金黄色并
加入黑松露

Step 4

撒上适量海盐并加入自己喜欢的材料，
例如火鸡片及火腿片等

早餐

黑松露温泉蛋多士条伴半干菠萝沙律

黑松露

性味：味甘、性平。

功效：块菌有多种疗效，富含17种胺基酸、8种维生素、50余种生理活性成份。具有抗癌活性，对癌细胞有一定的抑制作用，可以激发脑细胞活力。时常饮用，有利改善人体五脏六腑，具有增强免疫力、抗衰老、壮阳、补肾、益胃、清神、止血 、疗痔等效用。

鸡蛋

性味：蛋清味甘，性凉。蛋黄味甘，性平。

功效：鸡蛋滋阴润燥，养心安神。蛋清清肺利咽，清热解毒。蛋黄滋阴养血，润燥熄风，健脾和胃。蛋白质对促进人体细胞的新陈代谢，及人体的成长很有帮助。另外鸡蛋中含有DHA和卵磷脂，能健脑益智，避免老年人智力衰退；维生素A能保护黏膜组织的完整并维持正常视觉；维生素B群是参与糖类、脂质的代谢。鸡蛋亦含有维生素D及少量钙质与铁质。

午餐

红烧豆腐、山楂咕噜斑块、南瓜意米饭、八宝冬瓜汤

南瓜

性味：性温，味甘。

功效：具有补中益气、消炎止痛、化痰排脓、解毒杀虫功能、生肝气、益肝血、保胎作用。另外南瓜有解毒、保护胃黏膜，帮助消化、防治糖尿病，降低血糖、消除致癌物质、促进生长发育，其中所含的甘露醇更有通大便的作用，可减少粪便中毒素对人体的危害，防止结肠癌的发生。

山楂

性味：性平，味甘。

功效：含有大量的黏液蛋白、维生素及微量元素，能有效阻止血脂在血管壁的沉淀，预防心血疾病，取得益志安神、延年益寿的功效；同时亦含有水溶性纤维即甘露糖（mannose），食后有饱足感，可以用在代餐减少热量摄取，适合减肥或糖尿病患食用。具有健脾补肺、益胃补肾、固肾益精、聪耳明目、助五脏、强筋骨功效。

晚餐

牛排菇肉碎生菜包、羊芝士洋葱沙律、椰香饭、杂菌蘑菇汤

牛排菇

性味：性温，味甘。

功效：消食和中；祛风寒；舒筋络。主食少腹胀；腰腿疼痛；手足麻木。另外牛排菇具有清热解烦、养血和中、追风散寒、舒筋和血、补虚提神等功效，是中成药“舒筋丸”的原料之一。牛排菇亦含有人体必需的8种氨基酸，有抗流感病毒、防治感冒的作用，经常食用牛肝菌可增强机体免疫力、改善机体微循环。

荷兰豆

性味：性平，味甘。

功效：软荚豌豆又名荷兰豆，含维生素C和能分解体内亚硝胺的酶，可以分解亚硝胺，具有抗癌防癌的作用，而且含粗纤维，能促进大肠蠕动，防止便秘，起到清洁大肠的作用。豌豆所含的止杈酸、赤霉素和植物凝素等物质，具有抗菌消炎，增强新陈代谢的功能；而其中含有的优质蛋白质，可以提高机体的抗病能力和康复能力。

雪里蕻

性味：性平，味甘。

功效：解毒消肿，开胃消食，温中利气。明目利膈。主治疮痈肿痛，胸隔满闷，咳嗽痰多，耳目失聪，牙龈肿烂，便秘等病症。

洛神花

性味：味酸，性凉。

功效：洛神花富含维生素A、C、铁、钠、苹果酸。具有解热、抗高血压、有补血，预防肝病、平衡身体内的酸碱值的效果。可促进新陈代谢、改善体质、去浮肿，抗老化、抑制自由基活动、促进胆汁分泌来分解体内多余脂肪。经常饮用洛神花茶，有助于降低血液中的总胆固醇值和甘油三酯值。

其他养生食疗

黄耳豆腐汤

功效：益中气、健脾除湿、降血压。可预防和预防心脑血管疾病。

材料：黄耳10克、嫩豆腐250克、胡萝卜30克、水发香菇150克，盐少许，姜丝少许，葱少许，麻油少许。

预备：黄耳用温水泡发，除去杂质后洗净，备用；豆腐切成小块，胡萝卜、香菇洗净切成丁备用。

做法：在烧锅内加入上汤一碗，烧开后把黄耳、胡萝卜、香菇倒入，再后加入适量姜、葱、盐，翻滚后放入豆腐块，调味，淋上麻油即可享用。

黄耳

性味：性味甘、温微寒。

功效：化痰止咳、定喘、平肝阳；可用于预防肺热、痰多、感冒咳嗽、气喘、高血压。

黄耳主要用于制作菜肴，特别是制作各种素菜，具有特殊的色、香、味，是宴席上的佳品。黄耳富含胶质，用糖水蒸食，不仅别具风味，滑嫩爽口，而且有清心补脑的保健作用，每次用两片已足够。

蓝莓山药泥

功效：美白祛斑，健脾明目。

材料：山药1根，蓝莓果酱100克，淡奶 100毫升，清水100毫升，冰糖 适量，盐 3克。

预备：将山药洗净，去皮后切成块，放入盆中，蒸锅中倒入水，用大火蒸20分钟，直到山药变软，能用筷子戳透即可端出锅。将山药放入碗中用勺子压成泥状，加入淡奶、盐等充分搅拌均匀。锅中倒入清水，加入蓝莓酱和冰糖，用大火煮开后，转成小火继续熬制，直到蓝莓酱和清水变得黏稠，倒出冷却，备用。

做法：将山药泥装进裱花袋中，挤入容器内，再淋上之前备用的蓝莓酱即可享用。

蓝莓

功效：蓝莓含有丰富的维生素A、维生素E、类胡萝卜素、钾和锌，及丰富的花青素，蓝莓中的花青素能改善皮肤弹性、减少皮肤病和皱纹，甚至消除疤痕、祛除色斑、美白肌肤，使皮肤长期光滑，富有弹性。蓝莓中一些特定的化合物对于脑功能退化的抑制有强烈影响，能帮忙减缓老化、活化脑力、增强记忆力。

竹笙红螺汤

功效： 滋阴明目，养肝补肾，益气补脑、宁神健体。

材料： 红螺肉400克，豌豆苗50克，竹笙10克，料酒、盐、葱段、姜丝各适量。

预备： 红螺肉洗净切片，加姜片汆水，灼透捞出，备用；竹笙用清水泡软，洗去泥沙，切去两头，再用清水漂洗成白色，切成段，备用；豌豆苗除去杂质，洗净。

做法： 于锅内放入清水及姜丝稍煮，之后再放入竹笙、螺片，烧煮开后放入豆苗、葱段，略煮片刻，加入料酒及盐，调味即可起锅。

竹笙

性味： 性凉，味甘、苦。

功效： 竹笙含有丰富的蛋白质、氨基酸，维生素、无机盐等，具有滋补强壮、益气补脑、宁神健体的功效；对减肥、防癌、降血压等均具有明显疗效。肥胖、脑力工作者、失眠、高血压、高血脂、高胆固醇患者、免疫力低下、肿瘤患者可经常食用。

红螺

性味： 味甘，性凉。

功效： 红螺肉丰腴细腻，味道鲜美，含丰富蛋白蛋、维生素A、铁和钙等营养元素及人体必需的氨基酸和微量元素；是典型的高蛋白、低脂肪、高钙质的天然动物性保健食品；对目赤、黄疸、脚气、痔疮等疾病有食疗作用，可滋阴补肾、养肝明目。适宜肥胖、高血脂、冠心病、动脉硬化、脂肪肝人士食用。

枸杞螺头瘦肉汤

功效：滋阴补肾，清热去湿，明目健胃。

材料：瘦肉六两，干螺头二两，淮山药二两，枸杞子一两，姜二片，盐少许。

预备：干螺头洗净浸一晚至软身(若螺头已切片就不用浸)，瘦肉洗净汆水，切小块备用；淮山药、枸杞子洗净备用。

做法：十锅中放入清水，加入淮山药，烧开水后，放入姜片稍煮，之后放入螺头煮30分钟，再放入瘦肉，翻滚后转小火煲大约一小时三十分钟，至瘦肉软稔，加入枸杞子翻滚，下少许盐调味即可享用。

猪 肉

性味：味甘、咸，性微寒。

功效：滋养脏腑，滑润肌肤，补中益气的猪肉为人类提供优质蛋白质和必需的脂肪酸。猪肉可提供血红素（有机铁）和促进铁吸收的半胱氨酸，能改善缺铁性贫血。肥肉主要含脂肪，并含少量蛋白质、磷、钙、铁等；瘦肉主要含蛋白质、脂肪、维生素B_1、B_2，磷、钙、铁等，后者含量较肥肉多。

黑松露黑豆栗子汤

功效：延缓衰老，补肾养血，滋养肌肤，补虚乌发。

材料：栗子75克，枸杞15克，山药40克，黑豆75克，正南枣40克，黑松露20克，猪腱300克，果皮一角，姜片，盐少许。

预备：栗子洗净用水烧开，待栗子壳软捞起，去壳及衣，用水浸着备用；

枸杞用温水泡软，备用；山药、南枣洗净，备用；黑豆隔晚用清水浸软，白锅爆香至豆衣裂开，备用；猪腱洗净，汆水切块，备用；果皮用温水洗净，浸软去白瓤，备用，浸果皮水留用。

做法：于锅内放入适量清水，下姜片、山药、南枣、果皮及浸果皮水，待水烧开加入猪腱、黑豆，翻滚转中小火煲1.5小时，加入黑松露煲20分钟，再放入栗子煲20分钟至猪腱及栗子稔软，最后放入枸杞翻滚，下盐调味即可享用。

黑豆

性味：性平，味甘。

功效：有活血、利水、祛风、清热解毒、滋养健血、补虚乌发的功能。黑豆中蛋白质含量高达36%至40%，相当于肉类的2倍、鸡蛋的3倍、牛奶的12倍；黑豆含有18种氨基酸，特别是人体必需的8种氨基酸；黑豆还含有19种油酸，其不饱和脂肪酸含量达80%，吸收率高达95%以上，除能满足人体对脂肪的需要外，还有降低血中胆固醇的作用。常食黑豆，能软化血管，滋润皮肤，延缓衰老。特别是对高血压、心脏病等患者有益。黑豆皮为黑色，含有花青素，花青素是很好的抗氧化剂来源，能清除体内自由基，尤其是在胃的酸性环境下，抗氧化效果好，养颜美容，增加肠胃蠕动。黑豆是植物中营养最丰富的保健佳品。

土豆胡萝卜焖牛肋条

功效：消食益气，强壮筋骨，护肝明目。

材料：土豆一个，胡萝卜一个，牛肋条250克，姜、蒜子适量，柱侯酱少许。

预备：土豆切角，汆水，拉油，沥干备用；胡萝卜切角，汆水备用；牛肋条汆水，炒香备用。

做法：爆香姜、蒜子，下少许柱侯酱，牛肋条回锅，加水至盖面，大火烧开后，转小火炆45分钟，加入土豆、胡萝卜再炆20分钟，即可出锅。

胡萝卜

性味：性平，味甘。

功效：胡萝卜含有糖类、脂肪、挥发油、胡萝卜素、维生素A、维生素B_1、维生素B_2、花青素、钙、铁等营养成份。有研究证实：每天吃两根胡萝卜，可使血中胆固醇降低10%至20%；每天吃三根胡萝卜，有助于预防心脏疾病和肿瘤胡萝卜有健脾和胃、补肝明目、清热解毒、壮阳补肾、透疹、降气止咳等功效，可用于肠胃不适、便秘、夜盲症（维生素A的作用）、性功能低下、麻疹、百日咳、小儿营养不良等症状。

西兰花沾盐曲

功效：抗衰老、加强人体免疫力、有助防治贫血、修复肌肤细胞。

材料：西兰花一个，鸡肉250克，120克盐曲，450克水

预备：西兰花及鸡肉切块，灼熟，备用。

做法：享用时，将盐曲加入水中煮滚，用器皿盛载，将西兰花沾浸盐曲汤来吃。

盐曲

功效：盐曲是一种日本传统的调味料，百多年前用来腌渍多种蔬菜和肉类，被誉为「万用调味品」。一般以水、曲菌和盐巴混合发酵而成，发酵的过程令盐曲的味道多了像清酒的香气，却没有酒精成份。盐曲的咸度比盐巴较低，对肾脏的负担较小，而味道比盐更有层次。盐曲含有近100种酵素、天然活菌、维生素B群与氨基酸GABA等养份，助消除疲劳、舒缓压力、抗老化、排毒养颜、修复肌肤细胞，吃「盐曲」就是把健康吃下肚去。

玛卡鲜虫草花萝卜焖猪软骨

功效：防衰老、降血脂、滋润肌肤、强免疫力、滋补肝肾。

材料：猪软骨约一斤，胡萝卜一个约500克，味噌140克，鲜虫草花50克，玛卡一个，荷兰豆少量。

预备：玛卡切片，浸水至软，沥干备用；鲜虫草花用清水浸透，沥干备用；荷兰豆汆水备用；猪软骨汆水，拉油，再汆水，沥干水，备用；胡萝卜去皮，切大块备用；

做法：蒜子、姜起锅，爆香味噌，猪软骨回锅，放入胡萝卜，落水盖面，大火烧水，待水滚起，转为小火，炆40至60分钟，再转为大火放入已浸透之玛卡、鲜虫草花，落盐曲调味，装碟，拌上已灼好的荷兰豆享用。

玛卡

功效：玛卡的根茎富含丰富氨基酸、不饱和脂肪酸、蛋白质、钙、磷、锌、维生素B_1、B_2、B_{12}、C、E等，根部特别具有增强体力的功效，可提高免疫力的功能，可用于肉体及精神疲劳、营养不良等症状，并能有助调整内分泌系统、提高抗氧化能力、提高生育力、改善性功能、预防更年期综合症、舒缓焦虑、增强记忆力及注意力。

虫草花

功效：虫草花含有丰富的蛋白质、氨基酸以及虫草素、甘露醇、S.O.D、多糖类等成份，增强体内巨噬细胞的功能，对增强和调节人体免疫功能、提高人体抗病能力有一定的作用。虫草花性质平和，寒燥，对于多数人来说都可以放心食用，它有滋肺补肾、护肝、抗氧化、防衰老、抗菌、抗炎、镇静、降血压等作用。

牛肝菌红菜头
红腰豆汤

功效： 有助降低胆固醇，护肝明目，延缓衰老。

材料： 红菜头一个，胡萝卜一个，红腰豆20克，牛肝菌10克，大蕃茄一个，瘦肉片少许，清水2500毫升。

预备： 红腰豆洗净，隔晚用清水泡浸，沥干，备用；红菜头去皮，直切开四份再切成片，备用；蕃茄洗净，切成角，下一茶匙油于烧锅中，用姜片爆香至软身备用；姜片不要丢掉，留后煲汤可用；胡萝卜切片，备用；肝菌用温水发泡后洗净，沥干，切片备用。

做法： 将2500毫升清水烧开，放入红菜头，红腰豆，及爆香过的姜片，煲大约30分钟后，放入胡萝卜，再煲30分钟后放入牛肝菌，烧开后转小火煲30分钟，加入已爆软身的蕃茄，蕃茄煲至微烂加入瘦肉片，翻滚后，下盐调味即可享用。

牛肝菌

性味： 性温，味甘。

功效： 功能消食和中；祛风寒；舒筋络。主食少腹胀；腰腿疼痛；手足麻木。牛肝菌具有清热解烦、养血和中、追风散寒、舒筋和血、补虚提神等功效。牛肝菌含有人体必需的8种氨基酸，有抗流感病毒、防治感冒的作用，经常食用牛肝菌可增强机体免疫力、改善机体微循环。

红菜头

性味： 味甘，性平微凉。

功效： 具有健胃消食、止咳化痰、利尿、消热解毒等功效。具有极强的抗氧化作用，不但可防癌、抗衰老及提升身体抵抗自由基伤害，它独有的甜菜红可有助身体更易吸收另一种抗氧化物——维生素E。另外红菜头含有丰富铁质、高钾及高叶酸，经常食用可维持身体细胞正常生长，帮助控制血压和心脏肌肉舒张，预防贫血。

名模、贵妇最爱
快速雕塑伸展法
空中瑜珈·热瑜珈 简易动作

近期在名模贵妇圈中兴起了远红外线加负离子的岩盘瑜珈，
只要上一课就等于上了三课普通瑜珈课的效用。
各位又懒惰又爱美的女士们，
以后想要锻炼成模特儿般可人身段就不用再苦了自己。

麦饭石瑜珈房

一堂远红外线负离子空中瑜珈=三堂空中瑜珈

在麦饭石瑜珈房练习瑜珈，由于上课时教室内的室温将设定到摄氏36度，加上教室内充满远红外线与负离子，有助提升身体筋络柔软度，因此一些平常不易做得到位的动作，亦能更容易做到，而且在保持伸展后的最大弧度时，更能同时修复损坏或拉伤了的肌肉。

空中
瑜珈
盘膝式

舞王式

吸气，左手从后方抓住左脚脚板，右手举高。

呼气，左手慢慢从后方带起左脚，上身同时向前倾。

吸气，左脚持续向上提，右手及上身持续降低至身体成水平。

呼气，保持身体向上延伸，向外扩展。

功效：打开胸廓，增加肢体的延伸性，核心稳定以及心灵的自信。

骆驼式

采跪姿，脚背贴地，腰挺直，收腹并将双手放于腰后作承托。

吸气，拉长脊椎，臀部夹紧往前推，肩膀往后卷，肩胛骨往内靠，胸口往上打开。

呼气，身体再慢慢向后弯，双手轻放在脚跟上，保持呼吸，停留3至5次呼吸

功效：有助打开前驱肌肉与筋骨，亦能锻炼后下腰肌肉。

甚么是能量医学?

长生学的观点里，认为宇宙是一个大磁场，藏有无限的能量，而人体则是个小磁场。

以心治病

长生学为人治病的原理，相同于中医的治血必先治气的法则——以无形之气，理有形之血。更同于针灸原理，并与各家气功治病原理相近似。学过长生学的人就如同一条导体，能传递宇宙能量来调整病患的磁场，使其正常地运行，产生疗效。吸取、导引宇宙能量的能力，就是经由被打开的穴道，和人慈悲为怀的心念所共同来完成的。

在宗教家的心中，希望人们将慈悲为怀的心，推展到整个宇宙，让每个生命都能得到福荫，感受到无限的快乐与幸福，也让自己的悲伤与焦虑得到化解。他们的说法是“以心治病”，认为心的能量高度敏感，若将心念维持在高量状态，身体自会有所感应而改变。如果常以“利他之心”为己志，就会为自己带来福根、得到快乐，增加自我的能量，也就能够救“自己”，为他人带来美好的情怀。

去除杂念

魏教师曾经说过，长生学与他人所教的内容有很多的不同，最重要的心法上也不一样，在课程最大的的差异，是在于帮助别人健身调整时，是“不用意念”只要放空心思，把自己变成一个良好的导体即可。而一个良好的导体，就是心无杂念。以我们的慈悲心、爱心、无所求的，把我们内在的德、内在的潜能转为畅通无阻的沟通管道，让宇宙能量自然的传递过去。当人无私、无我、无所为而为的效果自然就更好。于调整健身时并不是用意念或集中精神于患者身上。要知道，所谓意念与集中精神，就是一种念。多了一份的杂念，就少了一份能量的传递。

我们更不可以将意念集中在自己的手上或对方的患部。在一般气功的领域里，讲求的是，意到哪里，气就到哪里，如果这样做的话，容易把自己体内的精、气、神一并导引到对方的身上，而造成自己身体元气的流失；也容易随着你意念的导线，而造成浊气的回流。所以有部份人士，局限于调整时间，只能固定做短短几分钟，那可能就是因集中精神意念，而采取之因应策略。

甚么是养生?

何谓养生?

“养”即保养、调养、补养、护养之道;
“生”即生命、生存、生长之意。

养生一词最早见于《庄子》内篇。所谓生，就是生命、生存、生长之意；所谓养，即保养、调养、培养、补养、护养之意。养生就是根据生命发展的规律，采取能够保养身体，减少疾病，增进健康，延年益寿的手段，所进行的保健活动。

自古以来，人们把养生的理论和方法叫做“养生之道”。例如《素问·上古天真论》说：“上古之人，其知道者，法于阴阳，和于术数，食饮有节，起居有常，不妄作劳，故能形与神俱，而尽终其天年，度百岁乃去”。此处的“道”，就是养生之道。能否健康长寿，不仅在于能否懂得养生之道，而更为重要的是能否把养生之道贯彻应用到日常生活中。

为身体注入能量，根据养生的理解，我们发扬传统金玉文化的特点，经过科学论证，反复研究实践，依据中医圣经《黄帝内经》提出的人体健康标准：“阴阳匀平，以充其形，九候若一，命日平人。”为目的，参照人体微循环平衡、元素平衡、电动力平衡的需要，开创了功能玉养生法——护其身、疗其疾、悦其心。

了解自己开始养生 GO!

中国《黄帝内经》经脉篇中说，经络可以控制人体一切功能，
具有决死生、处百病、调虚实的作用。
经络是五脏六腑中能量传送的重要途径，
此无形的管道是人体中层次最高的综合系统，
可以调控有形的免疫系统、内分泌系统、神经系统和血液循环系统等。

脏腑器官的互联关系

经络学说是中国医学精髓之一，人体的经络就像四通八达的网络，把人体上下、内外、各脏器之间，都连结在一起，成为一个相互关联的整体。

它是人体传送气血津液的通道，并能把气血布散到全身各部位，为维持各脏腑器官和体表、四肢的皮肉筋骨的正常功能活动，提供必要的营养物质，通过经络的联系，使全身各脏腑器官的正常功能相互关联，相互协调，相互促进，相互制约，以保持人体正常的生理功能。通过经络的传导，人体的生理功能正常与否，可以从体表的一定部位上反映出来；体表局部的病变亦可以通过气血的通道——经络，影响某些脏腑的功能。

局部的病变能引起全身的症状，全身的状况也可以反映局部的病变。我们通过在经络穴位上的指压、推拿、刮痧、拔罐、或针灸等方法来预防脏腑疾病，也可以通过脏腑功能的调整来预防体表疾病。综合以上所述，经络在人体的生理活动、疾病的发生和变化、指导临床实践方面都有着重要的意义。

心若自在，身在天籁……其实世界并不复杂，
复杂的是人心微笑着面对每天的生活对自己好一点……
过简单的生活，走健康的路，
做自自然然的自己选择纯真才是最难得的！

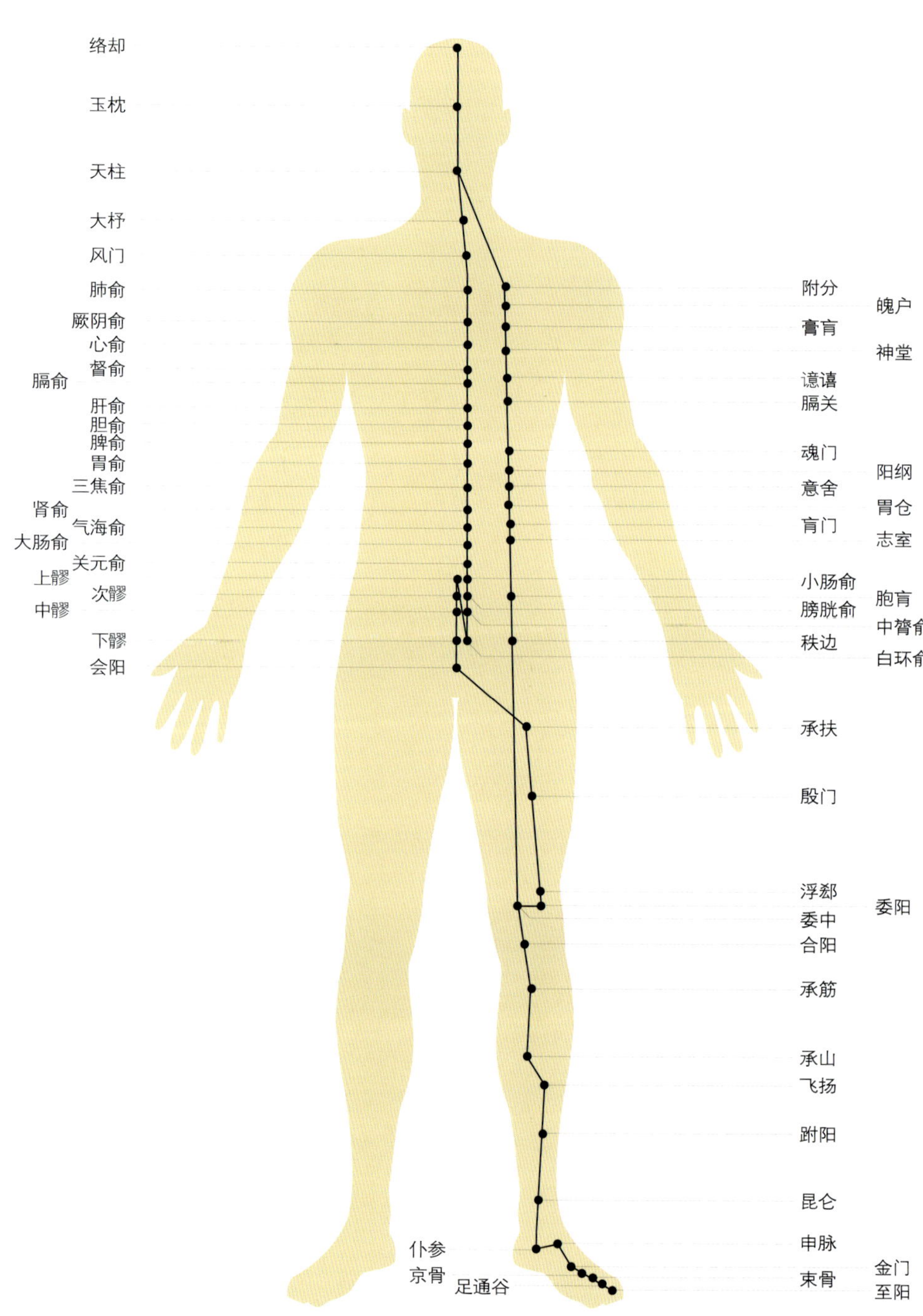
络却
玉枕
天柱
大杼
风门
肺俞
厥阴俞
心俞
督俞
膈俞
肝俞
胆俞
脾俞
胃俞
三焦俞
肾俞
气海俞
大肠俞
关元俞
上髎
次髎
中髎
下髎
会阳
附分
魄户
膏肓
神堂
譩譆
膈关
魂门
阳纲
意舍
胃仓
肓门
志室
小肠俞
胞肓
膀胱俞
中膂俞
秩边
白环俞
承扶
殷门
浮郄
委阳
委中
合阳
承筋
承山
飞扬
跗阳
昆仑
仆参
京骨
足通谷
申脉
金门
束骨
至阳

经络反应五脏六腑之健康状态

经络与脏腑关系可用水管水流是否流畅的观念来比喻：如果水流动中经过的水龙头比喻成是脏腑，水管则是经络。则当水管（经络）无异状，经过水龙头（脏腑）所流出的水便会畅流。然而如果水管（经络）的一部份有漏洞，或阻塞时，可以用漏洞大小或挤压松弛阻塞的孔径调节水流，使得通过水龙头（脏腑）的水可以畅流。漏洞的部分与挤压之处就相当于经络上的某一点（亦可比喻为经穴）。因此古人流传的经验医学里，当受疾病侵袭时，会在经络上给予刺激而能得到治病效果。

中国医学把疾病的原因视为“经络中的气血荣卫停滞，无法充分供应五脏六腑吸收”。因此在相当于水龙头（脏腑）有异常时，会在经络上出现疼痛、酸痛、硬、肿瘤、麻痹、黑斑、易冷、易热、寒冷、发烧等症状。相反的，经络上发生疼痛、酸痛、麻痹及僵硬，也会造成内脏的疾病。若从现代医学的“内脏体表反射说”亦可获得证实。

气血荣卫是中国医学生理的单位。
气＝维持呼吸和血液循环等生命体基本能量。分先天之气和后天之气二类。
血＝相当于现代医学的血液与液体的组合。
荣＝营养、消化及呼吸等新陈代谢。
卫＝生命体内的抗病力、保护机能正常运作。

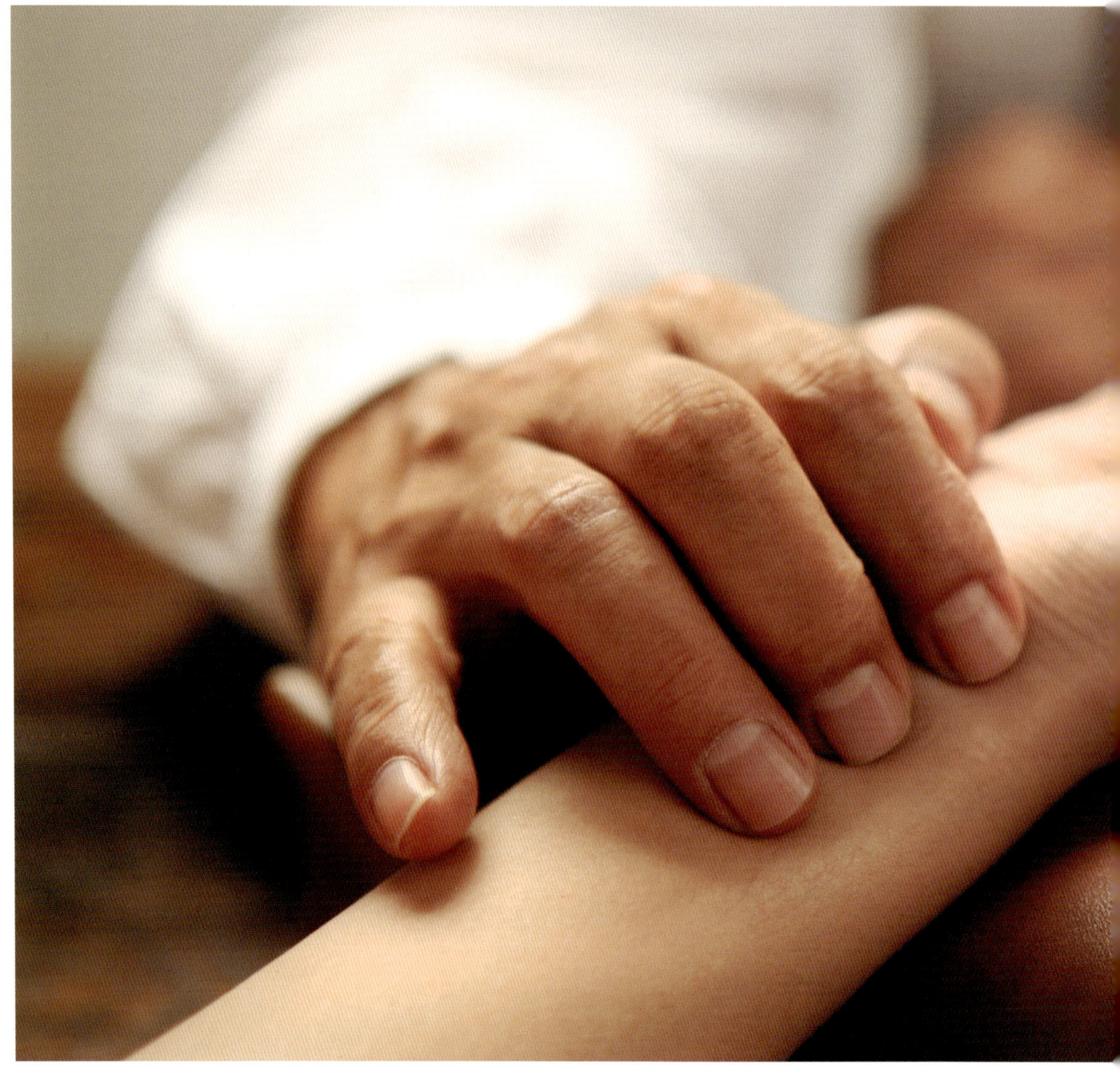

发扬中国传统整体医学

中国几千年留传下来的民俗传统医学是一个整体医学，一套以经验所累积下来的医学。其中以经络学最具代表性“经络所过，主治所及。”谈论中国医学的起源，近代中国曾于河南省长沙的马王堆三号墓，发现了许多医学书籍，而根据考证，这些医学书籍大都是在战国时代末期（公元前三世纪半）所写的。

从这些通称《马王堆汉墓医书》的医学书籍中，可以了解，在当时医学上的疗法已进行针灸法及脉诊，药物疗法及养生术也都达到很高的水准，其中的“导引图”即是个例子，道家打坐气血运行所描绘出来的线路图亦是个例子。而这些医学书籍并非一朝一夕即可写成的，所以有些医界的人士认为，这些书的内容至少要有数百年医疗累积经验才可以写成。

另外与《黄帝内经》齐名的是《伤寒论》，这是西汉末期的医圣张仲景所编成。《黄帝内经》主要是以描写经络理论与阴阳五行等的基础理论书，而《伤寒论》则是以脉诊治病为基础，共分为六大类，并将药物疗法体系化，是一本很实用的医学典籍。虽然《伤寒论》是一本距今已一千八百多年的书，但此书至今未失去其威力，如葛根汤、芍药甘草汤等至今仍为中医常用的处方。

总的来说，现代医学专业化、细分化、科学化之根据，扎实了我们的医学基础，让我们的生命更有意义，生活品质更加提升，但有些医学上的问题尚无法以科学理论根据证实，但却可从中国经验医学里得到答案，也唯有理论根据与经验医学相互成长，才可让我们中国医学更上一层楼。

图书在版编目（CIP）数据

发汗健康法：岩盘浴的秘密 / 苏盈熹著．—上海：上海科学技术文献出版社，2016.2

ISBN 978-7-5439-6955-1

Ⅰ．①发… Ⅱ．①苏… Ⅲ．①美容—基本知识②减肥—基本知识 Ⅳ．①TS974.1 ②R161

中国版本图书馆 CIP 数据核字 (2016) 第 024821 号

责任编辑：应丽春

发汗健康法：岩盘浴的秘密
苏盈熹　著
出版发行：上海科学技术文献出版社
地　　址：上海市长乐路 746 号
邮政编码：200040
经　　销：全国新华书店
印　　刷：上海利丰雅高印刷有限公司
开　　本：787X1092　1/6
印　　张：10张
版　　次：2016 年 2 月第 1 版　2016 年 2 月第 1 次印刷
书　　号：ISBN 978-7-5439-6955-1
定　　价：98.00　元
http://www.sstlp.com

席卷港台
风靡日韩
登陆上海

條款及細則

- 顧客憑本券可於 璞.養生會館 兌換一瓶有機飲品。
- 請於落單前出示此券。影印本無效。
- 本券不可兌換現金或其他服務。
- 本券不可與其他優惠或折扣同時使用。
- 本券不適用於公眾假期及其前夕、節日及其前夕。
- 本券如有損壞、塗改、逾期或遺失，即告無效，璞.養生會館 恕不負責及恕不補發。
- 本券須經蓋章方可生效。
- 如有任何爭議，璞.養生會館保留所有最終決定權。

A / 北角馬寶道 28 號華匯中心十一樓
11/F, China United Centre, 28 Marble Road, North Point

F / info@pustone.com.hk

M / +852 2896 2822　T / +852 2896 2998

條款及細則

- 顧客憑本券可於 璞.養生會館 兌換精美贈品。
- 請於落單前出示此券。影印本無效。
- 本券不可兌換現金或其他服務。
- 本券不可與其他優惠或折扣同時使用。
- 本券不適用於公眾假期及其前夕、節日及其前夕。
- 本券如有損壞、塗改、逾期或遺失，即告無效，璞.養生會館 恕不負責及恕不補發。
- 本券須經蓋章方可生效。
- 如有任何爭議，璞.養生會館保留所有最終決定權。

A / 北角馬寶道 28 號華匯中心十一樓
11/F, China United Centre, 28 Marble Road, North Point

F / info@pustone.com.hk

M / +852 2896 2822　T / +852 2896 2998

條款及細則

- 顧客憑本券可於 璞.養生會館 17 種不同的房間中選擇其中一間享受 40 分鐘的岩盤浴體驗。
- 請於落單前出示此券。影印本無效。
- 本券不可兌換現金或其他服務。
- 本券不可與其他優惠或折扣同時使用。
- 本券不適用於公眾假期及其前夕、節日及其前夕。
- 本券如有損壞、塗改、逾期或遺失，即告無效，璞.養生會館 恕不負責及恕不補發。
- 本券須經蓋章方可生效。
- 如有任何爭議，璞.養生會館保留所有最終決定權。

A / 北角馬寶道 28 號華匯中心十一樓
11/F, China United Centre, 28 Marble Road, North Point

F / info@pustone.com.hk

M / +852 2896 2822　T / +852 2896 2998